次世代型二次電池材料の開発

New Material for Next Generation Rechargeable Batteries for Future Society

《普及版／Popular Edition》

監修 金村聖志

シーエムシー出版

はじめに

　エネルギーは恒常的に供給されなければならない。人類にとって，これほど重要なものはないであろう。人類の生存にとって環境もまた重要な切り口である。これまでに自然が与えてくれたエネルギーを利用して，科学技術の発展を進めてきた。しかし，科学技術の発展は，結果的にエネルギー不足と環境への大きな影響を生み出した。残念ながら，科学技術の発展において，あまりにもエネルギーを粗末に扱ってきたためである。このような社会的な状況の中でエネルギーの有効利用が重要な課題となっている。自然エネルギーを利用する。再生可能なエネルギーを利用する。その他にも多くの提案がなされている。共通していることは，最終的なエネルギーの形態は電気エネルギーとなっている点である。電気エネルギーによって最終的なエネルギーマネージメントを行うためには，どうしても電気エネルギーを蓄積しておき，かついつでも取り出せるような媒体が必要となる。このエネルギー媒体として二次電池が大きな注目を集めている。しかし，これまでの二次電池では十分に対応しきれない領域の性能を求められていることも確かであり，今後新しい技術や材料が必要となっている。

　二次電池をエネルギーデバイスとして眺めることは重要な視点であるが，そもそもは小型電源として開発研究されてきたものである。しかし，電池の進歩は遅く，一定の環境および状況下でしか電池が使用できないことも事実である。だが，これほど便利なエネルギーデバイスをより広範囲な状況下で使用できるようにすることも電池開発にとっては重要である。例えば，医療用の分野や安心・安全の分野への展開である。そのためには，これまでの電池開発から一歩踏み出すことが求められる。結果的に，新しい技術と材料が必要である。

　現在の電池のレベルは低い。大きく電池を変貌させていくことが求められる。新しい特徴を有する次世代の電池を考えると，今後さらなる技術や材料の展開が必要であることは間違いない。将来，ユビキタス的に電池が使用されることも予想されるが，そのためにはまずは電池の姿自体が大きく変化することが必要であろう。

　本書は，全固体型二次電池，金属-空気電池など，次世代型と目される電池開発の材料研究の第一線で活躍される方々にご執筆いただき，まとめたものである。この分野に関心を持たれる関係諸氏の一助となれば幸いである。

2009 年 12 月

首都大学東京　金村聖志

普及版の刊行にあたって

　本書は2009年に『次世代型二次電池材料の開発』として刊行されました。普及版の刊行にあたり，内容は当時のままであり加筆・訂正などの手は加えておりませんので，ご了承ください。

2016年5月

シーエムシー出版　編集部

執筆者一覧（執筆順）

金村　聖志	首都大学東京　大学院都市環境科学研究科　分子応用化学域　教授	
辰巳砂　昌弘	大阪府立大学　大学院工学研究科　物質・化学系専攻　教授	
林　　晃敏	大阪府立大学　大学院工学研究科　物質・化学系専攻　助教	
小林　　陽	㈶電力中央研究所　材料科学研究所　エネルギー変換・貯蔵材料領域　主任研究員	
中山　将伸	名古屋工業大学　大学院工学研究科　物質工学専攻　准教授	
新谷　武士	日本曹達㈱　高機能材料研究所　第二研究部（兼）研究開発本部　電子材料開発部　主任研究員	
天池　正登	日本曹達㈱　高機能材料研究所　第二研究部　主任研究員	
前川　英己	東北大学　大学院工学研究科　マテリアル・開発系　准教授	
菅野　了次	東京工業大学　大学院総合理工学研究科　教授	
高田　和典	㈳物質・材料研究機構　国際ナノアーキテクトニクス研究拠点　グループリーダー	
小柳津　研一	早稲田大学　理工学術院　准教授	
西出　宏之	早稲田大学　理工学術院　教授	
寿　　雅史	首都大学東京　大学院都市環境科学研究科　分子応用化学域　特任助教	
林　　政彦	日本電信電話㈱　NTT環境エネルギー研究所　研究主任	
江頭　　港	山口大学　大学院理工学研究科　准教授	
今西　誠之	三重大学　大学院工学研究科　准教授	
周　　豪慎	㈳産業技術総合研究所　エネルギー技術研究部門　エネルギー界面技術研究グループ　研究グループ長	
阿久戸　敬治	島根大学　産学連携センター　教授	
井上　博史	大阪府立大学　大学院工学研究科　物質・化学系専攻　教授	

執筆者の所属表記は，2009年当時のものを使用しております。

目　　次

【第1編　全固体型二次電池材料の開発】

第1章　硫黄—銅正極　　辰巳砂昌弘，林　晃敏

1　はじめに …………………………… 3
2　硫黄—銅正極を用いた全固体電池 … 4
3　硫化リチウム—銅正極を用いた全固体電池 …………………………… 7
4　おわりに …………………………… 11

第2章　高分子固体電解質と炭素系材料の組み合わせによる全固体型リチウム二次電池の開発　　小林　陽

1　はじめに …………………………… 13
2　これまでの報告例 ………………… 14
3　電極作製法に着目した特性改善 … 14
　3.1　電極作製プロセスの検討 ……… 14
　3.2　導電材種の検討 ………………… 16
　3.3　結着材種の検討 ………………… 17
　3.4　サイクル特性と平板電池化，リチウムイオン電池化 ……………… 19
4　まとめと今後の展開 ……………… 22

第3章　電解質材料

1　全固体型リチウムポリマー電池の製作と電気化学特性評価 …… 中山将伸 … 24
　1.1　はじめに ………………………… 24
　1.2　全固体型リチウムポリマー電池 … 24
　1.3　全固体型リチウムポリマー電池の製作 ……………………………… 25
　1.4　全固体型リチウムポリマー電池の電気化学特性 ……………………… 27
　　1.4.1　製作した電池 ………………… 28
　　1.4.2　サイクル特性 ………………… 28
　　1.4.3　電気化学的手法による電池の反応と特性解析 ……………………… 30
　　1.4.4　電池内部の直接観察等による電気化学特性の解析例 …………… 37
　1.5　おわりに ………………………… 39
2　スター型高分子固体電解質
　　…………… 新谷武士，天池正登 … 42
　2.1　はじめに ………………………… 42
　2.2　スター型 MES ポリマーの特性 … 43
　2.3　全固体型リチウムイオン二次電池 … 47
　2.4　ラミネート型薄膜二次電池 …… 49
　2.5　今後の展開 ……………………… 50
　2.6　おわりに ………………………… 51

3　固体水素化物電解質 … 前川英己 … 53
3.1　水素と水素化物 …………… 53
3.2　ハイドライドイオン伝導体 …… 54
　　3.2.1　ハイドライドイオン含有酸化物 …………………… 54
　　3.2.2　水素化物ハイドライドイオン伝導体 …………… 55
3.3　リチウムイオン伝導体 ……… 57
　　3.3.1　水素ドープ α-Li_3N ……… 57
　　3.3.2　リチウムイミド（Li_2NH）…… 58
　　3.3.3　リチウムボロハイドライド（$LiBH_4$）………………… 59

4　硫化物系ガラスセラミック固体電解質
　　………… 辰巳砂昌弘，林　晃敏 … 67
4.1　はじめに ………………… 67
4.2　硫化物ガラス固体電解質 …… 67
4.3　Li_2S-P_2S_5系ガラスセラミック固体電解質 ………………… 69

4.4　Li_2S-P_2S_5-P_2O_5系ガラスセラミック固体電解質 ………………… 73
4.5　おわりに ………………… 75

5　チオリシコン固体電解質
　　……………………… 菅野了次 … 77
5.1　はじめに ………………… 77
5.2　リチウムイオン導電体 ……… 77
5.3　チオリシコン ……………… 78
5.4　チオリシコンの全固体電池への展開 …………………………… 80
5.5　今後の課題 ………………… 81

6　多孔体セラミックス固体電解質
　　……………………… 金村聖志 … 83
6.1　全固体電池の作製 ………… 83
6.2　多孔体の作製 ……………… 84
6.3　多孔構造を用いた電極系の作製 … 88
6.4　多孔構造を用いた電池の作製 … 90
6.5　おわりに ………………… 91

第4章　界面設計

1　全固体リチウム電池における高出力界面設計 ……………… 高田和典 … 93
1.1　はじめに ………………… 93
1.2　全固体リチウム電池におけるナノイオニクス ………………… 94
1.3　高出力界面の設計 ………… 95
1.4　おわりに ………………… 100
2　全固体リチウム電池の電極—電解質界面構築手法 … 林　晃敏，辰巳砂昌弘 … 103
2.1　はじめに ………………… 103
2.2　電極複合体の設計 ………… 103
2.3　酸化物コーティングによる電極—電解質界面修飾 ………………… 106
2.4　メカノケミカル法による電極—電解質ナノ複合体の構築 ………… 110
2.5　おわりに ………………… 112

第5章　構造設計

1　フレキシブルラジカルポリマー電池
　　………… 小柳津研一，西出宏之 … 114
1.1　はじめに ………………… 114
1.2　フレキシブル電池を指向した電極活物

質 …………………………………… 114
　1.3 ラジカルポリマー電極 …………… 114
　1.4 フレキシブルラジカルポリマー電池
　　　　………………………………… 117
　1.5 フレキシブル化を指向した新型ラジカル電池 ……………………………… 119
　1.6 おわりに ………………………… 121

2 三次元電池 … 金村聖志, 寿 雅史 … 124
　2.1 はじめに ………………………… 124
　2.2 三次元電池の構造 ……………… 125
　2.3 単粒子測定による活物質自身の評価
　　　　………………………………… 125
　2.4 三次元電池の作製 ……………… 127
　2.5 三次元電池の発展 ……………… 131

【第2編　金属－空気電池材料の開発】

第1章　空気極カーボン材料　　林　政彦

1 はじめに ……………………………… 135
2 空気極の構造および三相界面 ……… 135
　2.1 反応層中のカーボン材料 ……… 136
　2.2 ガス供給層中のカーボン材料 … 137
3 空気電池用カーボン材料と電気化学特性
　　　　………………………………… 137
　3.1 反応層用カーボン材料の概要 … 137
　3.2 酸素還元特性とカーボン材料の性状との相関 ………………………… 139
　3.3 二元機能（酸素還元・酸素発生）特性

　　　とカーボン材料の性状との相関 … 140
4 カーボン材料の非水電解液中での酸素還元特性 …………………………………… 142
　4.1 リチウム空気電池の概要 ……… 142
　4.2 種々のカーボン材料を空気極に用いたリチウム空気電池の電気化学特性
　　　　………………………………… 142
　4.3 非水電解質中での酸素還元特性とカーボンの性状との相関 …………… 144
5 おわりに ……………………………… 147

第2章　負極材料

1 鉄／ナノ炭素複合負極 … 江頭　港 … 149
　1.1 金属－空気二次電池負極の概要 … 149
　1.2 鉄－空気二次電池についての概説
　　　　………………………………… 150
　1.3 鉄－ナノ炭素複合負極の設計および特性 ……………………………………… 151
2 リチウム－固体電解質複合負極
　　　　………… 今西誠之 … 157

　2.1 はじめに ………………………… 157
　2.2 複合負極の構成 ………………… 157
　2.3 複合負極の電気抵抗 …………… 160
　2.4 中間層としてのポリマー電解質 … 162
　2.5 弱酸リザーバーと複合負極 …… 163
　2.6 セルの電気化学挙動 …………… 164
　2.7 まとめ …………………………… 166

第3章　新型リチウム―空気電池の開発　周　豪慎

1　はじめに …………………………… 167
2　リチウムイオン電池の容量向上の制約
　　…………………………………… 168
3　リチウム―空気電池 ……………… 168
4　新型リチウム―空気電池の提案 …… 170
5　新型リチウム―空気電池からリチウム燃料電池の提案 ………………………… 173
6　新型リチウム―空気電池の問題点 … 173
7　新型リチウム―空気電池の発展方向
　　…………………………………… 174
8　おわりに …………………………… 174

【第3編　次世代型二次電池開発の動向】

第1章　光空気二次電池　阿久戸敬治

1　はじめに …………………………… 179
2　光空気二次電池の概要 …………… 180
　2.1　基本構成と充放電反応イメージ … 180
　2.2　光充電（再生）の原理 ………… 181
3　負極に水素吸蔵合金を用いた電池系における光充放電機能の実現 ………… 182
　3.1　電池構成 ……………………… 182
　3.2　光充放電機能実現への課題 …… 183
　3.3　金属水素化物の解離（自己放電）抑制
　　…………………………………… 183
　3.4　光充電を実現するエネルギーレベルの形成 ……………………………… 185
4　$SrTiO_3$-$LaNi_{3.76}Al_{1.24}H_n$｜KOH｜O_2系電池の光充放電挙動 …………… 187
5　おわりに …………………………… 189

第2章　ニッケル亜鉛電池の開発動向　井上博史

1　はじめに …………………………… 192
2　両極での反応 ……………………… 192
3　課題解決に向けた最近の取り組み … 193
　3.1　添加物（無機化合物）の効果 …… 194
　3.2　添加物（有機化合物）の効果 …… 195
　3.3　活物質の形態制御 ……………… 195
　3.4　ヒドロゲル電解質の効果 ……… 195
4　おわりに …………………………… 200

第1編

全固体型二次電池材料の開発

第1章　硫黄—銅正極

辰巳砂昌弘[*1], 林　晃敏[*2]

1　はじめに

　電気自動車やプラグインハイブリッド自動車用の大型電源として，高いエネルギー密度を有するリチウム二次電池の開発が期待されている。硫黄は重量当たりの理論容量が $1672\ \mathrm{mAh\ g^{-1}}$ と非常に大きく，安価で無毒という環境に優しい材料であることから，次世代リチウム電池の高容量正極活物質として期待されている。硫黄を正極に，金属リチウムを負極に用いた Li/S 電池の理論エネルギー密度は $2600\ \mathrm{Wh\ kg^{-1}}$ となり，すでに実用化されているリチウムイオン二次電池（$LiC_6/LiCoO_2$）の理論エネルギー密度 $570\ \mathrm{Wh\ kg^{-1}}$（実際のエネルギー密度は $180\ \mathrm{Wh\ kg^{-1}}$）に比べてはるかに大きい[1]。

　しかし，従来の有機電解液を用いた場合，硫黄の正極活物質としての利用率が低く，充放電サイクル特性に乏しいという問題点があり，Li/S 電池の特長である極めて大きな理論容量を十分に活かすことができていないのが現状である。これまでに，充放電中に生成する多硫化物の電解液への溶出抑制や硫黄活物質への電子伝導性の付与を目的として，硫黄とナノカーボンとの複合化による活物質の利用率やサイクル特性の向上が検討されているが[1~6]，電解液を使用している限り電極活物質の溶出を完全に抑制することは困難である。そこで，有機電解液に代えて無機固体電解質を用いることができれば，活物質の溶出によるサイクル劣化を本質的に防止できるだけでなく，電池の安全性および信頼性の抜本的向上が期待できる。

　そこで筆者らは，室温で高いリチウムイオン伝導性を示す $Li_2S\text{-}P_2S_5$ 系硫化物材料を固体電解質に用いて，全固体型 Li/S 電池についての研究を行ってきた。硫黄を電極活物質に用いた全固体電池は，充放電を繰り返しても容量劣化がみられず，電池の全固体化がサイクル特性向上に有効であることがわかった。しかしながら，硫黄自身の絶縁性のために活物質としての利用率が著しく小さいというデメリットがあった。この問題点を克服するために，遊星型ボールミル装置を用いたメカニカルミリング（以下，MM と略す）処理によって硫黄と銅の複合化を行ったところ，電池の充放電容量を大幅に増加させることができた[7,8]。また，硫黄の放電反応後の生成物

[*1] Masahiro Tatsumisago　大阪府立大学　大学院工学研究科　物質・化学系専攻　教授
[*2] Akitoshi Hayashi　大阪府立大学　大学院工学研究科　物質・化学系専攻　助教

である硫化リチウム（Li_2S）を活物質として機能させることができれば，リチウムを含まない電極材料との組合せが可能となるため，電極材料の選択性が広がるというメリットがある。そこでMM法を用いて，Li_2S を銅と複合化したところ，全固体電池を充電方向から作動させることが可能であり，Li_2S が活物質として機能することを見出した[9,10]。また，Li_2S を主成分とする Li_2S-P_2S_5 系固体電解質についても，銅と複合化することによって電極活物質として利用できることがわかった[11]。

本稿では，硫黄および硫化リチウムと銅を複合化した電極材料の作製と硫化物固体電解質を用いた全固体電池における電気化学特性について紹介する。

2 硫黄―銅正極を用いた全固体電池[7,8]

これまでに筆者らは，正極に $LiCoO_2$，固体電解質に 80 Li_2S・20 P_2S_5（mol %）ガラスセラミックス，負極に Li-In 合金を用いた全固体電池が，室温において 700 サイクルの充放電が可能であり，優れたサイクル特性を示すことを報告している[12]。そこでまず，$LiCoO_2$ に代えて硫黄を正極活物質として用いた全固体電池を作製したところ，可逆な充放電を示すものの，その充放電容量は理論容量と比べると極めて小さく約 50 mAh g^{-1} 程度であった。そこで硫黄と銅の複合体を作製した。硫黄粉末と銅粉末を 3：1 のモル比で乳鉢混合した後，遊星型ボールミル装置を用いて，台盤回転数 370 rpm で 15 分間および 20 時間の MM 処理を行った。図 1 に得られた 75 S・25 Cu（mol %）試料の X 線回折パターンを示す。15 分の MM 処理では，出発物質である硫黄のシャープな回折ピークと銅の弱いピークに加えて，わずかに硫化銅によるピークが観測された。また 20 時間の MM 処理後は，銅のピークは消失し，生成物は硫黄と硫化銅から構成されていることがわかった。図 2 には，15 分の MM 処理により得られた 75 S・25 Cu 複合体の SEM 観察像と EDX による硫黄および銅のマッピング像を示す。SEM 観察の結果から，得られた試料は，数 μm サイズの粒子と 10～20 μm 程度の凝集体から構成されている。また硫黄と銅のマッピングに重なりが見られることから，硫黄と銅の両方を含む粒子が得られていることがわかった。MM 処理による反応は粒子表面から進行することが推定されるため，X 線回折および SEM 観察の結果を踏まえると，主に硫黄粒子表面に硫化銅が形成されていると考えられる。

xS・$(100-x)Cu$（mol %，$x = 60, 67, 75, 83$）の様々な組成比で硫黄と銅を混合し，15 分の MM 処理を行うことで複合体を作製した。図 3 には，得られた xS・$(100-x)Cu$ 複合体を電極に用いた全固体電池（Li-In/80 Li_2S・20 P_2S_5/xS・$(100-x)Cu$）の初期充放電曲線を示す。全固体電池の電極には，得られた S-Cu 複合体とリチウムイオン伝導パスとしての固体電解質，電子伝導パスとしてのアセチレンブラックを，38：57：5 の重量比で混合した電極複合体を用いた。

第1章　硫黄—銅正極

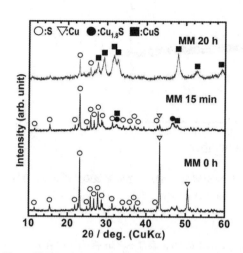

図1　遊星型ボールミル装置を用いて様々な時間メカニカルミリング (MM) 処理を行うことで得られた 75 S・25 Cu (mol %) 複合体のX線回折パターン

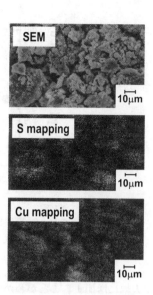

図2　15分間の MM 処理によって得られた 75 S・25 Cu (mol %) 複合体の SEM 像および EDX 分析によるSおよびCuのマッピング像

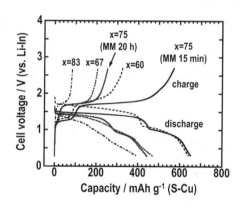

図3　全固体電池 Li-In/80 Li$_2$S・20 P$_2$S$_5$/xS・(100 − x) Cu の初期充放電曲線
15分間の MM 処理により得られた S-Cu 複合体についての結果を示している。x = 75 組成については，MM 処理20時間の複合体のデータも示す。測定は室温下，電流密度 0.064 mA cm^{-2} で行った。

また測定は室温下，電流密度 0.064 mA cm^{-2} で行った。図の横軸は活物質として用いたSとCuの総重量当たりの容量を示している。いずれの S-Cu 複合体を用いた場合においても，全固体電池は室温で二次電池として作動し，x = 75 の組成で放電容量が最大となることがわかった。この時の初期放電容量は，SとCuの重量当たり約 650 mAh g^{-1} (Sの重量当たり約 1,080 mAh g^{-1}) であった。Cu を添加しない場合の放電容量が約 50 mAh g^{-1} であることから Cu の添加によっ

次世代型二次電池材料の開発

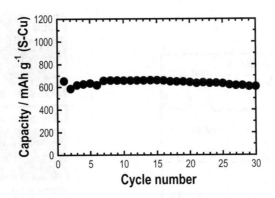

図4 全固体電池 Li-In/80 Li$_2$S・20 P$_2$S$_5$/75 S・25 Cu（MM 処理 15 分間）の放電容量のサイクル依存性
測定は室温下，電流密度 0.064 mA cm^{-2} で行った。

て容量が大幅に増加することがわかり，また高容量を示すのに最適な S/Cu 組成が存在することが明らかになった。図3には，20 時間の MM 処理を行った x = 75 組成の複合体を電極に用いた全固体型電池の充放電特性も示した。15 分 MM 処理の場合と比較すると，MM 処理時間が長くなることによって，充放電容量が大きく減少することがわかった。これは図1に示したように，硫黄に対する硫化銅の生成割合が大きかったためと考えられる。

図4には，15 分の MM 処理によって得られた 75 S・25 Cu 複合体を電極に用いた全固体電池（Li-In/80 Li$_2$S・20 P$_2$S$_5$/75 S・25 Cu）の放電容量のサイクル依存性を示す。この電池は，30 回の充放電を繰り返しても約 600 mAh g^{-1} の高容量を保持しており，優れたサイクル性を示すことが明らかになった。

S-Cu 複合体電極の反応機構は，様々な放電深度における X 線回折測定を用いた解析によって，以下のような反応機構が提案されている[13]。

1 段目のプラトー（1.4 V vs Li-In）

$$CuS + xLi^+ + xe^- \rightleftharpoons Li_xCuS \tag{1}$$

$$2 Li_xCuS + xS \rightleftharpoons xLi_2S + 2 CuS \tag{2}$$

2 段目のプラトー（0.9 V vs Li-In）

$$Li_xCuS + (2-x) Li^+ + (2-x) e^- \rightleftharpoons Li_2S + Cu \tag{3}$$

（放電：→，充電：←）

S と複合化した Cu は，単なる導電助剤として存在するのではなく，一部 S と反応して電子伝導性に優れる CuS を形成している。放電時において，1 段目のプラトーでは，MM 処理で生成

した CuS に電気化学的に Li^+ イオンが挿入された Li_xCuS が形成される(1)。さらに，MM 処理後に残存していた S が Li_xCuS と反応することによって Li_2S や CuS が生成し(2)，ここで得られた CuS が再び(1)の反応に供されて，(1)と(2)の反応が繰り返し進行する。その後，2 段目のプラトーにおいて，Li_xCuS が Li_2S と Cu まで分解される(3)の反応が進行する。一方で，充電時にはそれぞれの逆反応が進行すると考えられる。CuS を活物質に用いた Li/CuS 電池では，S-Cu 複合体を電極に用いた全固体電池と同様のプラトー電位を示す[14]ことが報告されているが，図 3 に示す x = 75（MM 15 min）組成の全固体電池の 1 段目のプラトーの容量は，複合体中の Cu が全て CuS になったと仮定して計算される理論容量よりも大きい。よって，CuS だけでなく S が，(2)の反応によって電池容量の増大に寄与していると考えられる。

3　硫化リチウム―銅正極を用いた全固体電池[9,10]

硫黄の放電生成物である硫化リチウムについても，硫黄と同様に，銅との複合化を行った。硫化リチウム粉末と銅粉末を様々な組成比で混合し，遊星型ボールミルを用いて MM 処理を行った。X 線回折測定の結果から，処理時間が増加するにつれて，非晶質化が進行するものの，100 時間の処理後も出発物質の回折ピークが観測され，また新たな結晶は生成しないことがわかった。図 5 には，様々な混合比で作製した $yLi_2S \cdot (100-y)Cu$（x = 25, 50, 75, 87.5, 100）(mol%)複合体を作用極に用い，対極に In，電解質に $80Li_2S \cdot 20P_2S_5$ ガラスセラミックスを用いた全固体電池の初期充放電曲線を示す（電流密度：$0.064\ mA\ cm^{-2}$）。複合体の MM 処理条件は，台盤回転数 370 rpm，処理時間は 5 時間であった。作用極部分には，得られた Li_2S-Cu 複合体と固体電解質，アセチレンブラックを，38：57：5 の重量比で混合した電極複合体を用いた。Cu を添加していない Li_2S のみを活物質に用いた場合（x = 100）は，$0.013\ mA\ cm^{-2}$ より小さな電流密度においても充放電が困難であった。一方，Li_2S に Cu を添加することによって，全固体電池を充電方向から作動させることが可能となり，Li_2S が全固体リチウム二次電池のリチウム含有電極材料として利用できることがわかった。セルの容量は y = 75 組成で最大となり，初期充電容量は Li_2S と Cu の総重量あたり約 $580\ mAh\ g^{-1}$，放電容量は $490\ mAh\ g^{-1}$（Li_2S の重量あたり，それぞれ約 $830\ mAh\ g^{-1}$ および約 $700\ mAh\ g^{-1}$）であった。

また y = 75 組成について，MM 処理時間と電池容量の関係を調べた。MM 処理なし（乳鉢混合のみ）の電極を用いた場合においても $120\ mAh\ g^{-1}$ の初期放電容量が得られ，容量は 5 時間の MM 処理の時に最大となった。さらに MM 処理時間を長くすると（30，100 時間），電池容量が減少することがわかった。

次世代型二次電池材料の開発

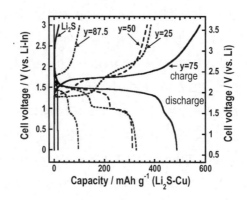

図5 全固体電池 In/80 Li$_2$S・20 P$_2$S$_5$/yLi$_2$S・(100 − y) Cu の初期充放電曲線
測定は室温下,電流密度 0.064 mA cm^{-2}(Li$_2$S(x = 100)のみ 0.013 mA cm^{-2})で行った.

図3に示す S-Cu 複合体を用いた全固体電池と図5に示す Li$_2$S-Cu 複合体を用いた電池の充放電曲線を比較すると,1段目の充放電プラトー電位がほぼ一致していることがわかる.したがって,Li$_2$S-Cu 複合体電極において,反応式(1),(2)の反応がそれぞれ可逆的に進行すると考えられる.充電時に反応式(1)または(2)の反応が生じるためには,Li$_x$CuS または CuS の存在が不可欠である.X 線回折においては MM 処理後に新たな結晶相の出現は確認できなかったことから,非晶質状態で Li$_x$CuS や CuS が存在していると考えられ,それらが電極反応に寄与していることが推定される.

また,Li$_2$S と複合化する金属として,Fe や Ni を用いた検討も行った.図6には,様々な時間 MM 処理を行った 75 Li$_2$S・25 Fe 複合体(a)および 75 Li$_2$S・25 Ni 複合体(b)を作用極に用いた全固体電池の初期充放電曲線を示す.図中の数字は MM 処理時間を示しており,電流密度 0.064 mA cm^{-2} で測定を行った.この図から,金属として Cu に代えて Fe および Ni を用いた場合,Li$_2$S を活物質として機能させるためには,より長時間の MM 処理(20〜100時間)が必要であり,また容量も小さいことがわかった.以上の結果から,Li$_2$S を活物質化する金属としては Cu が適当であると考えられる.

今回検討した実験条件で最も大きな容量を得られたのは 75 Li$_2$S・25 Cu(MM 処理5時間)電極を用いた場合である.この電極を用いた全固体電池の放電容量のサイクル依存性を図7に示す.比較として,一般的な有機電解液(1 M LiPF$_6$ in EC-DEC)を用いた電池のサイクル特性も示している.Li/S[2],Li/CuS[14]電池と同様に,電解液を用いた電池においては急激に容量が低下することがわかった.一方で,全固体電池においては 20 サイクル後も 300 mAh g^{-1} 以上の放電容量を保持し,電解液を用いた電池と比較して良好なサイクル特性を示すことが明らかになった.

次に全固体電池の作動電流密度の向上を図るため,Li$_2$S-Cu 電極材料とアセチレンブラック

第1章　硫黄―銅正極

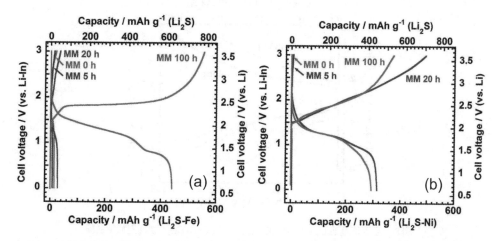

図6　全固体電池 In/80 Li$_2$S・20 P$_2$S$_5$/75 Li$_2$S・25 Fe (a) or 75 Li$_2$S・25 Ni (b) の初期充放電曲線
図中の数字は Li$_2$S－金属複合体の MM 処理時間を示している。測定は室温下，電流密度 0.064 mA cm^{-2} で行った。

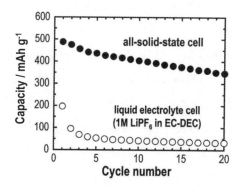

図7　全固体電池 In/80 Li$_2$S・20 P$_2$S$_5$/75 Li$_2$S・25 Cu の放電容量のサイクル依存性
測定は室温下，電流密度 0.064 mA cm^{-2} で行った。比較として，一般的な有機電解液（1 M LiPF$_6$ in EC-DEC）を用いた電池のサイクル特性も示している。

（AB）の複合化を検討した。75 Li$_2$S・25 Cu 粒子にその重量の 5 wt% の AB を添加し，5 時間の MM 処理を行うことで，Li$_2$S-Cu-AB 複合体を作製した。図8には，Li$_2$S-Cu-AB 複合体を電極に用いた電池の充放電曲線を示す。比較として 75 Li$_2$S・25 Cu に AB を乳鉢混合して得た電極を用いた電池の結果を併せて示している。電流密度は図5の測定時の 20 倍である 1.3 mA cm^{-2} とした。MM 処理で AB を複合化することによって，電池の放電電位が高くなり，電池の放電容量が 170 mAh g^{-1} から 270 mAh g^{-1} へ増大することがわかった。このことから，Li$_2$S-Cu と AB の MM による複合化が，全固体電池の作動電流密度の向上に有効であることがわかった。さらに，1.3～12.8 mA cm^{-2} の電流密度において電池を作動させたところ，いずれの条件にお

次世代型二次電池材料の開発

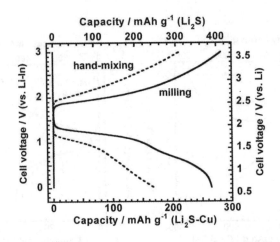

図8　全固体電池 In/80 Li$_2$S・20 P$_2$S$_5$/75 Li$_2$S・25 Cu の初期充放電曲線
75 Li$_2$S・25 Cu 電極複合体にアセチレンブラックを添加した後，MM 処理した場合と従来通り乳鉢で混合した場合を比較している。測定は室温下，電流密度 1.3 mA cm^{-2} で行った。

いても充放電可能であり，電池は 12.8 mA cm^{-2} の高電流密度において約 40 mAh g^{-1} の容量を示した。

　これまでは，電極活物質である Li$_2$S-Cu 複合体に 80 Li$_2$S・20 P$_2$S$_5$ ガラスセラミック固体電解質と AB を加えた電極複合体を作用極に用いて検討を行ってきた。固体電解質は Li$_2$S 成分を含むため，これに Cu を添加することによって活物質として利用できる可能性がある。そこで固体電解質粒子と Cu 粒子の混合による複合化を行い，両者の接触界面にのみ活物質である硫化銅を自己形成させ，接触していない部分については電解質のリチウムイオン伝導パスとしての機能を期待した。

　Cu：80 Li$_2$S・20 P$_2$S$_5$ 電解質：AB を 38：57：5 の重量比になるように乳鉢で混合して，電極材料を得た。比較として，Cu を添加せずに電解質と AB を混合した材料も作製した。これらの材料を作用極に用いて構築した全固体電池（In/80 Li$_2$S・20 P$_2$S$_5$/Cu-Li$_2$S-P$_2$S$_5$）の初期充放電曲線を図9に示す[11]。測定は電流密度 0.064 mA cm^{-2} にて行った。図から，Cu を添加していない固体電解質を電極として用いた電池では，充放電が困難であることがわかった。よって，Cu を加えない場合には 80 Li$_2$S・20 P$_2$S$_5$ ガラスセラミックス中に含まれるリチウムは電気化学的に不活性であり，電極活物質として機能しないことを確認した。一方で，Cu を固体電解質に添加した材料を電極に用いた電池は充電方向から作動し，その後は放電過程において，Li$_2$S と Cu の重量当たり 170 mAh g^{-1}（Li$_2$S の重量当たり約 420 mAh g^{-1}）の初期容量を示した。以上の結果から，Li$_2$S 電極の場合と同様に，Cu の添加により硫化物系固体電解質を電極活物質として利用できることがわかった。電解質と活物質の両方の機能を兼ね備えた複合体が作製できれば，こ

第1章　硫黄—銅正極

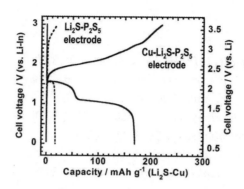

図9　全固体電池 In/80 Li$_2$S・20 P$_2$S$_5$/Cu-Li$_2$S-P$_2$S$_5$ の初期充放電曲線
測定は室温下，電流密度 0.064 mA cm^{-2} で行った。

の材料のみで全固体電池の電極を構成し，電極の単純化を図ることが可能となるため，今後は電池容量を向上できる複合化条件の検討が重要となる。

4　おわりに

　硫黄や硫化リチウムと銅を複合化した材料が，全固体電池において，高容量を示す電極活物質として機能することを明らかにした。また硫化リチウムを主成分とする Li$_2$S-P$_2$S$_5$ 系固体電解質についても，銅の添加によってリチウムソースを含有する電極活物質として利用できることがわかった。また MM 法による活物質とアセチレンブラックの複合化が，全固体電池の作動電流密度の向上に有効であることを示した。S-Cu 複合体や Li$_2$S-Cu 複合体の電極反応機構は複雑であり，詳細については不明な点も多い。しかしながら現状では，SやLi$_2$SとCuのミリング処理によって生成した電子伝導性に優れる硫化銅関連化合物が活物質として機能するだけでなく，それらの存在によってSやLi$_2$Sが活物質として利用されることによって，全固体電池は高容量を示したと考えるのが妥当であろう。全固体 Li/S 電池の性能向上のためには，硫黄系活物質とナノカーボン（電子伝導パス）や固体電解質（Liイオン伝導パス）との間にいかに良好な接触界面を構築するかが重要となる。最近では，硫黄とアセチレンブラックを気相混合することによって作製された硫黄—カーボンのナノ複合体[15]や硫黄，アセチレンブラック，固体電解質を同時に MM 処理することによって得られた複合体[16]を電極に用いることによって，高容量を示す全固体電池が構築されている。活物質への電子および Li イオン伝導パスの形成手法を検討することによって，活物質の利用率を向上させることができれば，全固体 Li/S 電池のより一層の高エネルギー密度化が期待される。

文　　献

1) D. Marmorstein *et al.*, *J. Power Sources*, **89**, 219 (2000)
2) S.E. Cheon *et al.*, *J. Electrochem. Soc.*, **150**, A 796 (2003)
3) J. Wang *et al.*, *Electrochim. Acta*, **48**, 1861 (2003)
4) S.C. Han *et al.*, *J. Electrochem. Soc.*, **150**, A 889 (2003)
5) X. He *et al.*, *Electrochim. Acta*, **52**, 7372 (2007)
6) X. Ji *et al.*, *Nature Mater.*, **8**, 500 (2009)
7) A. Hayashi *et al.*, *Electrochem. Commun.*, **5**, 701 (2003)
8) A. Hayashi *et al.*, *Electrochim. Acta*, **50**, 893 (2004)
9) A. Hayashi *et al.*, *J. Power Sources*, **183**, 422 (2008)
10) A. Hayashi *et al.*, *Solid State Ionics*, **179**, 1702 (2008)
11) A. Hayashi *et al.*, *J. Mater. Sci.*, in press
12) M. Tatsumisago *et al.*, *Funct. Mater. Lett*, **1**, 31 (2008)
13) N. Machida *et al.*, *Solid State Ionics*, **175**, 247 (2004)
14) J.S. Chung *et al.*, *J. Power Sources*, **108**, 226 (2002)
15) T. Kobayashi *et al.*, *J. Power Sources*, **182**, 621 (2008)
16) 長尾元寛ほか，電気化学会第76回大会講演要旨集，p. 378 (2009)

第2章 高分子固体電解質と炭素系材料の組み合わせによる全固体型リチウム二次電池の開発

小林 陽*

1 はじめに

　リチウムイオン電池は，負極に金属リチウムを用いず，正極等から供給されるリチウムイオンを炭素材料等のホスト構造に可逆的に出し入れできるように設計されている。この電池設計は，従来の金属リチウム負極で課題とされた，繰り返し充放電時に形成される樹状（デンドライト）析出が可逆性の低下，セパレータを貫通した正極との微短絡，さらには表面積増大による安定性の低下という種々の課題の解決に大きく貢献し，その結果，各種携帯端末用電源の主たる位置を占めるまでに普及した。すなわち，金属リチウムから炭素系材料への転換は，電池の安全性において革新的な進歩をもたらしたといえる。

　一方，現在リチウムイオン電池に用いられている有機電解液の固体化は，有機溶媒の高い揮発性による急激な燃焼反応の抑制により，さらなる安全性の改善が期待できる。しかしながら，固体電解質，特に高分子固体電解質（SPE）と炭素系材料との組み合わせは，90年代にメーカー，大学等により検討された[1,2]が，良好な結果が得られないとみなされ，この組み合わせは実現が困難と判断された。その後，リチウム（イオン）ポリマー電池と呼ばれる電池が各電池メーカーから発表された[3,4]が，それらの電解質には，固体と有機電解液との混合物（いわゆるゲル電解質）が用いられてきた。ここで，固体成分はイオン伝導に寄与するものの他に，液体の保持機能を期待したものなどが用いられている。これらのリチウム（イオン）ポリマー電池は，安全性の改善と形状自由度（平板ラミネート電池等）の点に優位性があるとされたが，電解質の主成分が可燃性の有機溶媒であること，その後の技術の進歩により有機電解液系でもラミネート電池が開発されたことなどから，その優位性を疑問視する見方もある。一方，リチウムイオン電池の生産量が急伸するに従い，過熱等によるリコールも散見されるようになっている。今後自動車，定置型等を目指した大型リチウム電池の研究開発の加速に伴い，安全性に対する要求も必然的に高まっており，安全性の高い炭素系負極と有機溶媒を用いない SPE の組み合わせが再び注目されつつある。これらの状況の中，2006年に三重大学のグループにより炭素系負極材料と SPE の組み合

---

* Yo Kobayashi　(財)電力中央研究所　材料科学研究所　エネルギー変換・貯蔵材料領域
　主任研究員

わせ時に可逆性の改善が報告され，再びその適用可能性が示唆され注目を集め始めた[5]。そこで本稿では，90年代に試みられた研究を再検討するとともに，現在使用可能な各種新規材料を適用することにより，SPEと炭素系負極材料との可逆性改善について，最近の成果を概説する。

2 これまでの報告例

SPEと炭素系材料との組み合わせは，1994年にYazami等により報告されている[1]。はじめは，SPEを用いることにより非常に大きな可逆容量が得られることが注目されたが[6]，一方で不可逆容量も大きく，充放電繰り返し特性（サイクル特性）にも課題があった。その後，いくつかの研究機関によりその改善が報告されたが，当初期待されたグラファイトの理論容量（372 mAh/g）をはるかに超えるような可逆容量が得られないこと，不可逆容量が低減できないこと等により研究が下火となった。特に初回クーロン効率は，70%を超える値が得られなかったため，リチウムイオン電池としての設計が困難とされた。ここで，既報告[1,7]の初回クーロン効率を炭素系材料の比表面積に対して整理すると，比表面積が大きくなると初回クーロン効率が低下するものが多い。この傾向は，従来の有機電解液系でもある程度みられるが，電解質にSPEを用いた場合には特に顕著になるようである。言い換えれば，SPEと組み合わせる炭素系材料は，比表面積を小さくすることにより初回クーロン効率の改善が期待できると考えられる。一方サイクル特性については，可逆容量を300 mAh/g程度で運用することにより，良好な可逆性を示すものも報告されている[8]。当初報告されていた大きな可逆容量は，SPEと炭素系材料界面に生成した擬似的な容量であり，本来の炭素系材料が有する可逆容量の範囲を適正に運用すれば，良好な可逆性が期待できることを示唆するものである。

3 電極作製法に着目した特性改善

3.1 電極作製プロセスの検討

われわれはこれまでの報告結果を踏まえ，電極作製プロセスを再検討することにより炭素系材料とSPEとの組み合わせ時の特性改善を試みた。ここで用いたSPEは別途断りのない限り平均分子量100万以上のものであり，運転温度は60℃である。また，60℃におけるSPEのイオン導電性は約1×10^{-3} S/cmである[9]。本検討に用いたSPEの構造を図1に示す。ここで用いた活物質は天然黒鉛系材料である。従来の全固体型電池における電極作製法は，電極シート作製時に固体電解質成分を炭素系材料と混合して塗布する手法が用いられてきた。その結果，十分な電子伝導経路を維持するために導電材の添加量が増え，比表面積の大きな導電材により初回クーロン

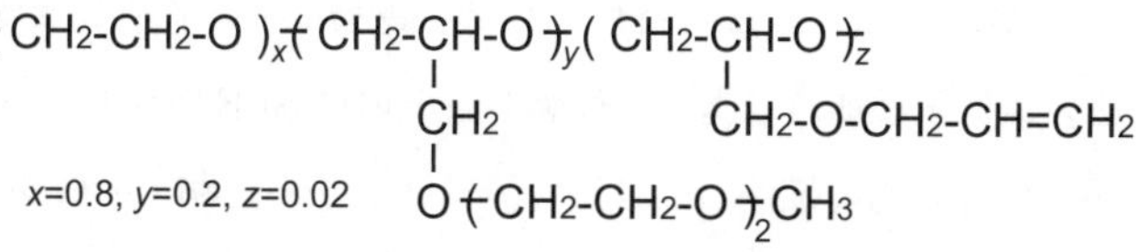

第 2 章　高分子固体電解質と炭素系材料の組み合わせによる全固体型リチウム二次電池の開発

$+CH_2-CH_2-O)_x+CH_2-CH-O)_y(CH_2-CH-O)_z$
　　　　　　　　　　　　　　|　　　　　　　|
　　　　　　　　　　　　　CH$_2$　　　CH$_2$-O-CH$_2$-CH=CH$_2$
x=0.8, y=0.2, z=0.02　　O$+CH_2-CH_2-O)_2CH_3$

図1　本検討で用いた高分子固体電解質（SPE）の構造

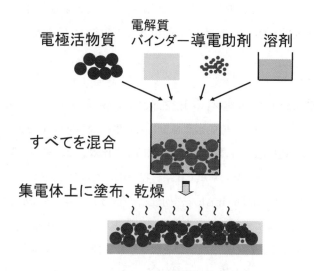

図2-1　従来の全固体電池電極作製法

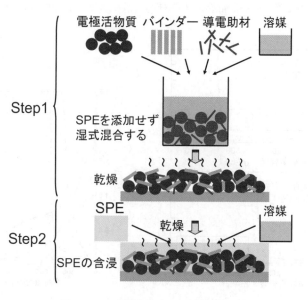

図2-2　本検討で用いた電極作製法

効率の低下を招くことがあった。そこでわれわれは，電極シート作製時にSPE成分を含めず，結着材と導電材を必要最低限添加して電極を作製し，その後SPE成分を含浸させることにより，良好な粒子結着，電子伝導経路の確保と，リチウムイオン伝導経路の形成を目指した[10]。従来の電極作製法と新たに提案する電極作製法の違いを図2に示す。この電極作製法は，従来の有機電解液系電池の電極作製法と互換性があるため，従来の電極作製装置をそのまま活用できるメリットも有する。また，後含浸したSPEを適切に架橋させることにより，SPE付電極シートが生産可能であり，これらを貼り合わせるだけで大面積電池の連続的な生産の可能性も考えられる。

3.2 導電材種の検討

炭素系負極活物質に添加する導電材は，比表面積約65 m^2/gのカーボンブラック系材料（CB），および比表面積約13 m^2/gの高温焼成処理を施した炭素繊維系材料（CF）を選択し，SPEとの組み合わせにおける導電材添加時の初回クーロン効率を比較した。その結果，CF系材料を導電材に用いた電極では初回クーロン効率がCB系材料を用いたものと比べて5％程度改善し，初回クーロン効率78％と可逆容量360 mAh/gを示した（図3）。そこで，初回クーロン効率の導電材種による影響をより明確にするため，炭素系活物質を用いず，CBあるいはCFのみを結着材に分散させた電極を作製し，初回充放電挙動を比較した（図4）。その結果，CB系材料では初回クーロン効率が23％に対し，CF系材料では40％となり，比表面積の小さな材料を選択することによる初回クーロン効率の改善の傾向が示された。なお，ここで得られた初回クーロン効率の差は，導電材の黒鉛化度の違い，混合時の機械的分散による比表面積変化の影響も考慮する必要

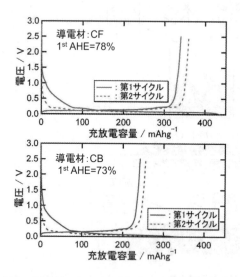

図3　導電材の違いによる初回クーロン効率の違い

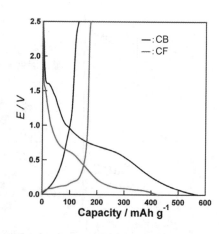

図4　導電材と結着材のみの初期充放電挙動

第 2 章　高分子固体電解質と炭素系材料の組み合わせによる全固体型リチウム二次電池の開発

があり，今後もより詳細に検討を行う必要がある。

3.3　結着材種の検討

炭素系電極に用いられる結着材は当初ポリフッ化ビニリデン（PVdF）が主流であった。しかし最近では，これに代わり少ない添加量で結着性能が得られるスチレンブタジエンゴム（SBR）も用いられている。前者は n メチルピロリドン（NMP）を溶剤に用いるが，後者は水を溶剤に用いることができる点も環境適合性の点から評価されている。そこで，炭素系電極と SPE を組み合わせる際の結着材種の違いによる電池特性，主に初期不可逆反応の差異について比較した。その結果，PVdF 系結着材を用いた電池では初期クーロン効率が 78 ％であったが，SBR 系結着材を用いたものでは 83 ％まで改善した（図 5）[11]。一般に，初回の intercalation 時に生成する不可逆な Solid Electrolyte Interface (SEI) 形成領域は 0.8 ～ 0.2 V とみられることから，この電圧領域の通過に要する容量を比較することにより，不可逆反応の大小を見積もることができる。初回 intercalation 時の電圧詳細挙動を図 6 に示す。一般的な有機溶媒を用いた系では 40 mAh/g

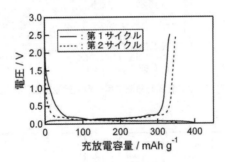

図 5　SBR 系結着材を用いた全固体電池の初期充放電挙動

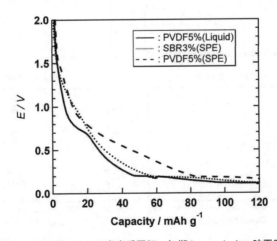

図 6　結着材，電解質の異なる炭素系電極の初期 intercalation 時電圧詳細挙動

(この電池における初回クーロン効率は 90 %)であるのに対し，PVdF 系結着材を用いた全固体電池では 80 mAh/g，SBR 系結着材を用いた全固体電池では 60 mAh/g となり，この領域における SEI 形成と推定される不可逆反応量が初回クーロン効率の大小と相関することが確認された[12]。さらに，初回不可逆反応を副反応熱として捉えるため，伝導型熱量計（図 7）を用いて初期充放電時熱挙動を PVdF 系結着材と SBR 系結着材で比較した。なお，この測定に限り，装置の安定性の点から室温測定が必要であったこと，分子量 100 万の SPE では室温での充放電では分極抵抗が大きくなり，抵抗発熱が増大し不可逆反応熱割合を比較しにくいことから，モデル電解質として分子量 1000 程度のスターポリマーを用い，室温で充放電時の熱挙動を解析した。そ

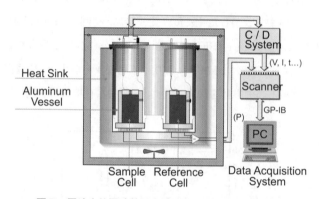

図 7　電池充放電時熱測定用伝導型熱量計の装置構成

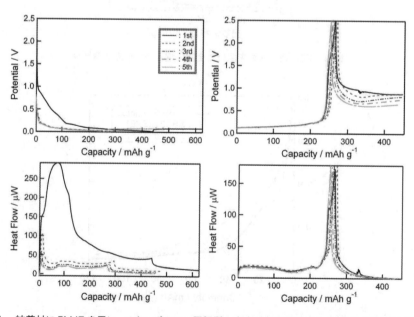

図 8 - 1　結着材に PVdF を用い，スターポリマー電解質と炭素系負極組み合わせ時の初期充放電時熱挙動

第2章　高分子固体電解質と炭素系材料の組み合わせによる全固体型リチウム二次電池の開発

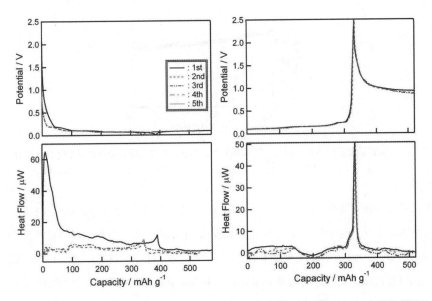

図8-2　結着材にSBRを用い，スターポリマー電解質と炭素系負極組み合わせ時の初期充放電時熱挙動

の結果，PVdF系結着材を用いた電池で初回intercalation時の発熱量がSBR系結着材を用いたものより大きくなる傾向を確認し，初回クーロン効率の差を裏付ける結果となった（図8）。しかしながら，結着材そのものがSEI形成に寄与するとは考えにくく，初回クーロン効率の差は他の要因（結着形態，表面被覆率，結着後の弾性の差等）を考慮する必要があると考えている。電極表面解析によりこれらの要因を明らかにすることは大変興味深いが，SPEを用いた全固体電池の場合，電極と電解質の接合性が高いため電池試験後の解体による電極／電解質界面解析が難しいため，ポストアナリシス手段に乏しい。したがって今後は，前述のスターポリマー，あるいはポリエーテル構造を有する代替液体電解質を用いて電極／電解質界面分析を進めていく必要がある。

3.4　サイクル特性と平板電池化，リチウムイオン電池化

　炭素系負極とSPEとを組み合わせた電池の長期サイクル特性の例を図9に示す[10]。この電極における導電材はCF，結着材はPVdFを用いた。8時間率運転で250サイクル時初期の75％容量を維持するサイクル特性が得られた。この電極では有機電解液を用いても同様のサイクル特性であることから，電極組成・作製法の改良により，市販のリチウムイオン電池に匹敵する可逆性の改善も期待できる。

　上述の電池特性は，2032型コイン電池を用いて得られたが，実電池を想定した電極面積における可逆性の確認は重要である。特に全固体電池の場合，液体の含浸が期待できないため，電極

次世代型二次電池材料の開発

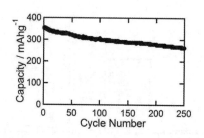

図9 炭素系負極材料を用いた全固体リチウムポリマー二次電池の充放電サイクル特性
[Li | SPE | Graphite] コイン電池。2.5 V/0 V cutoff, C/8, 60 ℃。

／電解質界面に均圧を維持することが不可欠である。一方，炭素系負極は初回 intercalation 時に生じるガスにより，電極界面における均圧の保持が困難になり，電極／電解質界面抵抗が増大する懸念もある。これらの課題を検証するため，アルミラミネート材を外装に用い，有効面積 13 cm × 8 cm（104 cm²）の平板型電池を試作し，電池初期特性を検討した。ここでは，2種類のラミネート電池について特性を比較した。一方の電池は，電池内部を常圧とし，ラミネートパウチを用いてエア抜きをしながら製作し，電池運転時には SUS 板で外側から加圧により均圧を得ることとした。もう一方の電池は，シール時に電池内部を真空とし，かつ電池内に空隙部を用意し，内部でガスが発生しても空隙部の真空層により内圧の上昇を抑制する「ガスバッファ機能」を付加した電池（図10）を製作し，電池運転時は特に外圧を付加しないこととした。その結果，内部真空処理とガスバッファ機能を付加した電池では可逆容量が他方と比べ約1割程度改善する結果が得られた（図11）。また，外装部から目視する限りでは，ガス発生による電極の膨れは見られなかった。この結果から，この材料を用いた全固体電池では，特に外部加圧が不可欠ではないことが確認された。このことは，特に将来の電池大型化開発時には重要と考えている。

最後に，炭素系負極とオリビン系正極材料（LiFePO₄）を組み合わせた全固体リチウムイオンポリマー電池を試作し，その作動を確認した（図12）[10]。ここで試作した電池は実効面積約 15

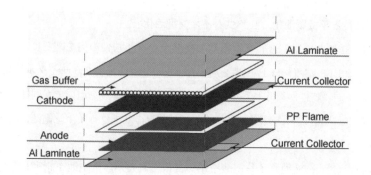

図10 内部真空処理し，ガスバッファを設けたアルミラミネート電池

第2章 高分子固体電解質と炭素系材料の組み合わせによる全固体型リチウム二次電池の開発

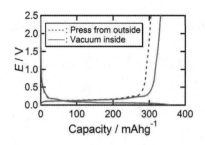

図11 内部真空処理，および外部加圧したラミネート電池の可逆容量

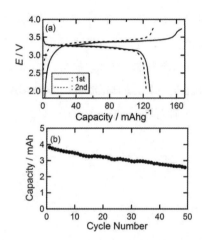

図12 平板型全固体リチウムイオン電池の (a) 初期充放電曲線および (b) 充放電サイクル特性
［Graphite ｜ SPE ｜ LiFePO$_4$］ラミネート電池。
3.8 V/2.0 V cutoff, C/16, 60 ℃。

cm^2 の平板型であり，内部真空処理し，外部加圧なく運転したものである。初回クーロン効率 77 %，可逆容量は正極基準で 128 mAh/g であり，正負極の特性を出し切れていない試作段階ではあるが，溶媒を含まない SPE 系で金属リチウムを用いないリチウムイオン電池として作動した初めての結果と思われる。サイクル特性は 80 サイクル時に初期の 60 %容量であり，今後の特性改善を目指して各電極材料，および材料の組み合わせの検討を続けている。

4 まとめと今後の展開

　SPEと炭素系負極の組み合わせは，90年代に報告が出始めた頃には実現までそう遠くないと見られていたが，いつしか「実現不可能」という判断がなされ，約10年間ほとんど進捗していなかったと言っても過言ではない。この間SPE，炭素系負極材料，さらに導電材，結着材といった各種部材の選択性が広がり，個々の特性も各材料メーカーの精力的な開発により飛躍的に改善した。一方，リチウムイオン電池に求められる仕様も変化しつつある。これまでは小型携帯端末用電源が主な適用先であったが，今後はより大型のリチウムイオン電池に期待が集まっている。特に定置型の用途は，保温を許容できること，電気自動車のような高い入出力特性，高エネルギー密度を要求しないことから，SPEを用いた全固体電池はその要求を満たす電池系と考えられる。今後は，さらなる各部材ベースの電極特性改善とともに，大型化を目指した電池設計を進めていく予定である。炭素系負極材料を用いた全固体電池が，低炭素社会に貢献できる安定な電力供給の重要な位置を占める技術として研究開発が加速されていくことを期待する。

文　　　献

1) R. Yazami, K. Zaghib, and M. Deschamps, *Journal of Power Sources*, **52**, 55-59 (1994)
2) Y. Aihara, M. Kodama, K. Nakahara, H. Okise, and K. Murata, *Journal of Power Sources*, **65**, 143-147 (1997)
3) J. -M. Tarascon, A. S. Gozdz, C. Schmutz, F. Shokoohi, and P. C. Warren, *Solid State Ionics*, **86-88**, 49-54 (1996)
4) H. Akashi, K. Sekai, and K. Tanaka, *Electrochimica Acta*, **43**, 1193-1197 (1998)
5) N. Imanishi, Y. Ono, K. Hanai, R. Uchiyama, Y. Liu, A. Hirano, Y. Takeda, and O. Yamamoto, *Journal of Power Sources* **178**, 744-750 (2008)
6) M. Deschamps, and R. Yazami, *Journal of Power Sources*, **68**, 236-238 (1997)
7) F. Coowar, D. Billaud, J. Ghanbaja, and P. Baudry, *Journal of Power Sources*, **62**, 179-186 (1996)
8) K. Zaghib, Y. Choquette, A. Guerfi, M. Simoneau, A. Belanger, and M. Gauthier, *Journal of Power Sources*, **68**, 368-371 (1997)
9) S. Matsui, T. Muranaga, H. Higobashi, S. Inoue, and T. Sakai, *Journal of Power Sources* **97-98**, 772-774 (2001)
10) Y. Kobayashi, S. Seki, Y. Mita, Y. Ohno, H. Miyashiro, P. Charest, A. Guerfi, K.

Zaghib *Journal of Power Sources*, **185**, 542-548（2008）
11) 小林　剛, 大野泰孝, 関　志朗, 小林　陽, 三田裕一, 宮代　一, 第34回固体イオニクス討論会講演要旨集, 3A06（2008）
12) 大野泰孝, 小林　陽, 関　志朗, 小林　剛, 三田裕一, 宮代　一, 電気化学会第76回大会要旨集, 3O04（2009）

第3章　電解質材料

1　全固体型リチウムポリマー電池の製作と電気化学特性評価

中山将伸[*]

1.1　はじめに

　既存のリチウムイオン電池は自己可燃性のエーテル系有機溶媒を電解質として用いているために，安全性に対する致命的な不安を抱えている。そこで，電解質を不燃・難燃化するために，リチウムイオン導電性ポリマーやセラミックスを用いた電池の全固体化や，イオン性液体などを電解質として用いるなどの新しい電池が検討されている。本稿では，その中でも難燃性のリチウムイオン導電性ポリマー電解質を用いた全固体型リチウムポリマー電池について，その製作法のポイントと電気化学特性を評価する方法について解説する。

1.2　全固体型リチウムポリマー電池

　リチウムポリマー電池には，有機電解液をリチウムイオン伝導能のないポリマーに膨潤させて固形化させた「ゲルポリマー電解質」を用いた電池と，ポリマー自身がリチウムイオン伝導の伝導媒体を担う「ドライポリマー電解質」に大きく大別されるが，本稿は安全性に優れると考えられる後者の電池について記述する。

　このようなドライポリマー電解質を用いた電池では，可燃性有機物の蒸気圧が圧倒的に低くなるため室温～200℃程度の条件下での発火燃焼などのリスクは小さくなるが，一方でポリマーであるため数百度を超える高温下での燃焼リスクまでは担保できない。この点ではセラミックス電解質に期待される究極の不燃性に劣るものの，ポリマー独特の良好な成形性とラミネート技術を併用することで，フレキシブルシート化やスタック化も可能であり，軽量・大容量かつ放熱特性に優れた電池の作成が可能であると考えられる。以上の観点から，現在の小型携帯機器を中心に用いられている有機溶媒を用いたリチウムイオン電池に対して，電池を大型化した際に全固体ポリマー電池は将来的に有望であると考えられる。また，このような電池は，系統連携用途や家庭設置用途のような分散型電源として用いることが可能である。さらに，出力が改善すればHEV/EV車載電池としての使用も期待される。

---

　[*]　Masanobu Nakayama　名古屋工業大学　大学院工学研究科　物質工学専攻　准教授

第3章　電解質材料

　実はこのようなポリマー電解質を用いた全固体電池のコンセプト自体は古く，関連する研究は1990年代に液系リチウムイオン電池が本格的に商業化された前後にはすでに研究開発が進められている。これまでの研究では固体電解質のイオン導電性の低さが心配されてきたために，電解質のイオン導電性向上を目指した研究が盛んになされてきた。これらの研究成果によって，ポリマー電解質に限ればポリエチレンオキシド系高分子にリチウム塩を溶かしたような電解質で，室温においても〜10^{-4} S/cm 程度の高いイオン導電性を有する材料が開発されている[1,2]。

　しかし，ポリマー電解質の高イオン導電性化に対して，システムとしての全固体電池（つまり，電極と電解質を組み合わせて電池を構成した系）について，系統的に評価しているような研究例[3〜18]はいまだ少なく，電池組み立てのための知識・ノウハウがさらに必要であると考えられている。そこで本稿では，ポリマー電解質・電極などに関わる個々の材料の設計や構造解析よりも，全固体電池のシステム全体の視点から製作法と電気化学特性の評価法などを記述していく。

1.3　全固体型リチウムポリマー電池の製作

　従来の液系電池と同様に，全固体型リチウムポリマー電池の製作に必要な3つの構成材料は2つの電極（正極・負極）と1つの電解質である（外部回路ももちろん必要だが，今回の基準として議論の対象外とする）。これらの電極材料・電解質材料の選定，ポリマー電解質がポリエチレンオキシド（PEO）系材料の場合は酸化側の耐電圧が4 V（vs. Li^+/Li）程度であるため，商用化されている $LiCoO_2$ や $LiMn_2O_4$ 正極材料系よりも酸化還元電位の低い $LiFePO_4$ などの材料を用いなければならないと考えられる。

　これら3つの材料をそれぞれシート化し図1のように貼り合わせることで全固体電池が完成する。しかし，図1は3つの機能を有した材料を単に並べただけの非常にデフォルメ化したアイデアであって，実際には現行の液系電池にそれぞれの材料間で「（リチウム）イオン交換」と「電

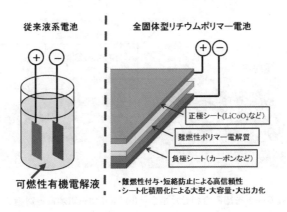

図1　従来のリチウムイオン電池とリチウムポリマー電池のコンセプト対比図

子交換」を可能とするような「界面」の設計が必要となる。

より具体的に「イオン交換」とは電解質と電極の間でリチウムイオンをやり取りする交換反応を，「電子交換」とは外部回路と電極の間で電子をやり取りする交換反応を指しており，電荷中性の要求からイオン交換と電子交換は同時に進行する必要がある。現在の液系電池では，一口に電極といっても，単一の活物質（化学式上で反応に関与する物質，たとえば $LiCoO_2$, $LiMn_2O_4$ など）だけで構成されているわけではなく，電子を輸送する集電体（アセチレンブラックなど）や粒子を結着するバインダー（テフロンなど）で混合され，アルミ箔や銅箔上に展開されている（図2）。これは，活物質自身に十分な電子伝導性がないことや，活物質と集電体に接着性がないため，集電体や結着剤のような化学式上では直接関係しない材料が必要となる。

従来の電池の場合，イオン交換の観点では図2に示すような電極シートと液系電解質を接触させるとシート内の粒子間隙間に電解液がしみ込んでいくため，良好な電極｜電解質接触界面を得ることができる（図3a）。しかしながら，固体のポリマー電解質を既存の電極シートに単純に貼り合わせた場合，表面に露出しているわずかな粒子先端との接触しか確保できないため，電極

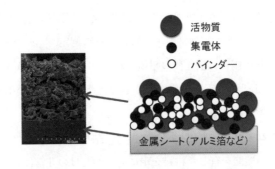

図2　コンポジット電極シートのイメージ

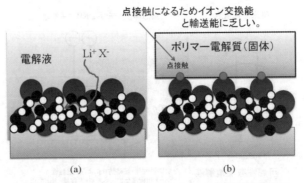

図3　(a) 電解液と電極シートを組み合わせた場合，(b) ポリマー電解質と電極シートを単純に貼りあわせた場合

第3章 電解質材料

と電解質間のイオン交換ルートが限られてしまう（図3(b)）。これまで，比較的低いとされてきた電極活物質内でのリチウムイオン拡散能に対して，拡散長を実効的に低減させることのできる活物質の微粒子化技術が開発されてきたが，電解質を固体化すると微粒子化による拡散長低減などの効果が皆無になってしまう。

　このような問題点の解決策について本稿では以下の2つの例を紹介するが，今のところ「これがベスト」という定法は特にないことに留意されたい。電極シート化技術が徹底的に研究開発され，すでに「枯れた技術」化している（と考えられる）液系電池に比べれば，新たなアイデアを提供する余地がある開拓領域とも言えよう。

　第1の用例は，イオン導電性のあるバインダーを用いるテクニックである。図2のシートは，粒子間をテフロンなどのバインダーによって接着しているが，このバインダーがリチウムイオン導電性をさらに有していれば，図3(b)のような状態になったとしても，バインダーを適正量加えることで，リチウムイオンが電極シート内部にある活物質粉末まで輸送可能になる（図4を参照）。より詳細には，ポリマー電解質と同様のPEO系の材料のうち直鎖の高分子の場合には，アセトニトリルのような溶剤で溶かすことができるので，これと活物質などセラミックス粉体を混合分散し，シートに塗工し乾燥させることで作成可能である。現在の液系電池で用いる正極シート作成テクニックとほとんど変わらないため，比較的容易に導入できると考えられる。ただし，目的にかなったバインダーポリマーの機械的特性，結着力やイオン導電性を同時に得ることはかなり難しいと考えられる。これは，良好なイオン導電性を得るためには，ポリマーの機械強度が低下する傾向にあるためである（言い換えれば，やわらかいポリマーほどイオン伝導に優れるため）。

　第2の用例は，ポリマー電解質を貼り合わせるのではなく，液体モノマーを従来の電極シートに流し込み光や熱で重合する方法であり，この方法も従来の電極シートを用いることができることから簡便で有利である。ただし，光重合の場合はシート内部まで反応を確実に完結させることが難しいことや，熱重合の場合はシートの膨張収縮でクラックが入る可能性があることなどが個別課題になる。また，筆者らの経験では，重合反応時に活物質界面と接触しているポリマーが変質し不動態膜のようなものを作るケースも観測しており，十分な検討が今後必要である。

　いずれのケースにしても，いまだ性能評価などに対する検討事例が少なく，あるいは新たな製作上のアイデアも捻出の余地が残っていると考えられる。

1.4　全固体型リチウムポリマー電池の電気化学特性

　ここでは，図4の方法で製作したリチウムポリマー電池の特性を，主に電気化学的な評価法について解説しながら詳述する。

次世代型二次電池材料の開発

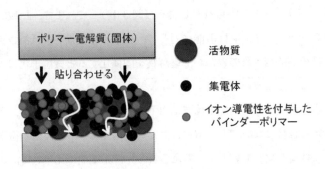

図4 バインダーポリマーを用いたリチウムポリマー電池製作法

1.4.1 製作した電池

電極には3.5V程度で動作するLiFePO$_4$を，負極にはリチウム金属を用い，電解質には架橋型PEO系電解質に可塑剤とLiTFSI塩を溶かしたものを使用し電池を製作した。なお，正極中バインダーポリマーには分子量100万程度の直鎖型PEOを使用している。この電池の詳細は文献18)を参照されたい。以上の材料選定にかかわるポイントを以下に略記する。

① PEO系電解質の酸化側電位窓が〜4V vs. Li$^+$/Li程度であり，従来使われているLiCoO$_2$のような4V近辺で動作する正極材料を用いることが難しいため，LiFePO$_4$を正極活物質とした。

② 架橋型PEOは溶剤で溶かすことができないが，機械特性に優れ膜成形性に有利である。ただし，ポリマー鎖の運動が活発ではないので，比較的低分子なホウ酸エステル系オリゴマーを可塑剤として加えてイオン導電性を向上させている。なお，このオリゴマーを加えたポリマー電解質は〜200℃程度までほとんど重量減少がなく蒸気圧は低いと考えられ，可塑剤自身の引火点も230℃以上という報告がある[19]。また，ポリマー中での電解塩の解離は電解液に比べて低いため，アニオンの分極の大きい解離性の高い有機塩LiTFSIを使った。

今後は特に断りない限り，以上の構成材料をコインセルあるいは解体可能なステンレス製の密封セルに封じて電池について評価を行っている。大型化のためにはラミネート化技術なども重要であると考えられるが，本稿では取り扱わない。

1.4.2 サイクル特性

図5は30℃ 0.2C（電池を5時間で充電／5時間で放電させる条件）でサイクルさせた結果である。

手作業で組み立てられた電池においても，約200サイクル程度にわたって安定した容量を示していることが分かる。より詳細には，図中①で示した比較的容量がサイクルに対して安定な時期と，②で示した減少していく劣化期があるように解釈できる。しかし，このような試験を行うと

第 3 章　電解質材料

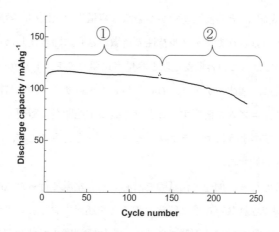

図 5　全固体型リチウムポリマー電池のサイクル特性
試験は 30 ℃，0.2 C 条件下で行った。横軸はサイクル数，縦軸は各サイクルにおける放電容量を示す。

200 サイクルまで達するのに，5～6 カ月程度の時間を必要とするため，電池の劣化特性などを測定するためには実際的とは言えない。そこで，電池の充放電速度を数倍にし，温度も常温よりも高めに設定することで劣化を加速させた（加速劣化試験）。なお，温度を常温よりも高めに設定することでポリマーのイオン導電性を向上することができるため，比較的高いレートでも充放電ができるという事情もある。

図 6 は，60 ℃ 1.0 C（電池を 1 時間で充電／1 時間で放電させる条件）で，同じ電池を 3 サンプル充放電させた結果である。図から分かるように，初期数十サイクルは容量が安定しており

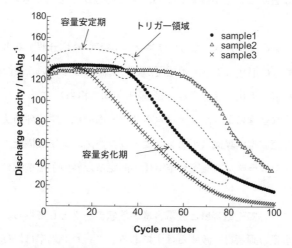

図 6　全固体型リチウムポリマー電池のサイクル特性
試験は 60 ℃，1.0 C 条件下で行った。Sample 1 については，容量安定期，容量劣化期，トリガー領域（本文参照）のおおよその位置を図に示してある。

29

(図中, 容量安定期と表記), その後連続的かつ急激な容量劣化 (図中, 容量劣化期と表記) が開始する。これは, 図5で見られるサイクル特性の特徴がさらに顕著化したものとして理解することができる。なお本稿では, この容量安定期と容量劣化期の境を, トリガー領域として表記する。

トリガー領域の出現は, 個体差があり, おおむね数十～百サイクルの時期に発生している。このような劣化現象のメカニズムを把握することは今後の電池開発に重要であると考えられる。本稿の残りの部分では, どのようにキャラクタリゼーションを行うことで, 容量劣化現象の本質を知ることができるかを詳述する。

また付言として, 今回行った加速劣化試験で, 必ずしも室温で行った試験と同じ機構で劣化発生が進行することが保障されないことに留意することを述べておく。いまだ, データが少ないため適切な加速劣化試験条件の設定は困難であるが, 充放電速度や温度制御を変更することは, 一つの方法として提案することができる。

1.4.3 電気化学的手法による電池の反応と特性解析

結論から述べると図5, 6に示した電池の容量劣化機構は (まだ完全な機構解明には至っていないが) 次のような時系列で整理することができる。

① 安定なSEI (電極表面のイオン導電性皮膜) 形成により, 可逆性が高く容量減少がない充放電反応がつづく。(容量安定期に相当)

② 電極中の粒子微粉化などによる電極シート構成物質 (活物質・集電体・バインダーなど) の機械的な剥離・剥落が発生する。これにより, 活物質や集電体, ポリマー間での接触不良などが発生する。このような粒子の剥離・剥落は電極シートを構成する粒子のパッキングの個体差を完全に除去することが難しいため, 発生時期がばらつくものと考えられる。(トリガー領域に相当)

③ 接触不良により過電圧が大きくなり, アニオンなどが酸化分解するような副反応の発生が生じる。また電解塩の消耗により, 過電圧がさらに高くなるという負の連鎖が発生する。これにより継続的な容量劣化が進行する。(容量劣化期に相当)

以下では, このような結論に至ったリチウムポリマー電池に関する評価法の代表的な例を列記する。最初に一般的な充放電試験機 (ポテンシオ・ガルバノスタット機能つき) でできる計測について, 続いてACインピーダンス測定や電気化学測定法以外の手法を紹介する。

(1) クーロン効率

サイクル毎の容量について充電容量と放電容量が数値データとして得られるが, 可逆な電池であれば, 充電・放電容量の両者は一致するはずである。クーロン効率は, (放電容量÷充電容量) で表される量 (%表記の場合が多い) であり, 理想的には100%となるはずである。(注：放電から始まる電極の場合には, 充電容量÷放電容量, で表されることもある) クーロン効率が100

第3章 電解質材料

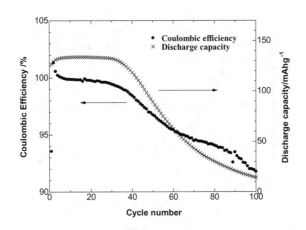

図7 全固体型リチウムポリマー電池のサイクル特性（×）と対応するクーロン効率（●）
図6におけるsample 1のデータを解析した結果。

%を下回るような場合には，充電時に電気化学的な副反応によって電子が消費されていることを意味している。なお，反応に関与するイオンなどを消費するような副反応が発生した場合，クーロン効率が99%であっても容量劣化は急速であり，50サイクル後には6割程度（$0.99^{50} \sim 0.6$）の容量に，100サイクル後には3分の1程度（$0.99^{100} \sim 0.37$）にまで容量が劣化してしまう。

図7は図6に示したsample 1についてクーロン効率をプロットしたグラフである。容量安定期には100%近いクーロン効率を示しているが，容量劣化期には急速にクーロン効率が低下していることが分かる。したがって，容量劣化期には電気化学反応によって発生する何らかの副反応が生じていることが，測定結果から推測することができる。

(2) レート特性試験

充放電速度（レート）に対して電池性能がどのように変化するかを調べる試験をレート特性試験という。電池性能には様々な項目があるが，一般には容量変化，電池寿命特性が代表的である。レート変化に対して，顕著な電池の劣化がない場合は，1個の電池を使って5〜10サイクル毎にレートを変化させて容量変化を観察するのが一般的であるが，図6に示した電池の場合，100サイクル内で明らかに寿命劣化をきたしているため先述の方法を単純に用いることができない。

そこで，複数の電池を用いて一定レート化での充放電を行い，0〜10サイクルおよび0〜100サイクルまでの電池容量平均を計算することでレートによる容量と寿命特性への影響を比較した。これまで議論したオリビン型材料の場合は，トリガー発生のタイミングについて個体差があるため上記の方法では議論ができないが，徐々に容量が劣化する$Li_{4/3}Ti_{5/4}O_4$電極を用いた場合の，放電容量平均をプロットした結果を図8に示す。なお，電池は各レートに対して平均5個の電池を使用し，極端に値が逸脱した電池を除いて容量の平均値と標準偏差を示した。標準偏差が十分

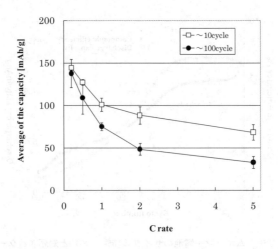

図 8　全固体型リチウムポリマー電池のレート特性
充放電速度を示す C レート（1 C は 1 時間かけて満充電するのに必要な電流密度に対応する）に対して，初回〜10 サイクル，または〜100 サイクルにかけての平均容量をプロットした結果（電極には $Li_{4/3}Ti_{5/4}O_4$ を用いている）。

小さいことから明らかなように，10 サイクル以上の平均容量をプロットすることで電池の個体差によるばらつきが目立たなくなることが分かる。得られた結果からは，レートに対して反比例的に容量が減少していることも分かった。また，劣化の度合いがレートを上げるに従って大きくなる（10 サイクル平均と 100 サイクル平均の差がレートに対して大きくなる）傾向がみられ，電池の寿命が充放電レートと関連する可能性が示唆された。

単純に充放電におけるレートを一定にするだけではなく，非対称化することで，充電反応と放

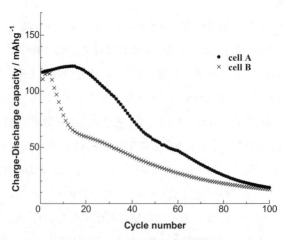

図 9　全固体型リチウムポリマー電池のサイクル特性
Cell A では充電を 2 C，放電を 1 C とした場合。Cell B では充電を 1 C，放電を 2 C とした場合の結果。

第3章 電解質材料

電反応を比べることもできる。図9では、充電を2C, 放電を1Cにして充放電させた電池 (Cell A) と、その逆 (充電2C, 放電1C) にした場合の電池 (Cell B) についてサイクル特性を対比したものである (電極には $LiFePO_4$ を用いた)。現時点で、十分なデータがないため図8のような形式で示すことはできないが、3サンプルずつ測定したところほぼ同様の傾向が得られている。この結果からは、放電電流を大きくした方が、充電電流を大きくするより電池の寿命が短くなるという、直感的には正反対の結果が得られている。この理由はまだよくわかっていないが、電池内部で発生している反応と劣化の関係を理解するための手掛かりになるかもしれない。

(3) (擬似的な) 分極測定

上述したレート特性の検討結果は寿命特性と電気化学反応の速度論との関連性を明らかにした。特に後者 (速度論) は分極 (開回路電圧からの逸脱) として定量的に議論することができる。平衡反応時 (無限の時間をかけてゆっくり充放電するような反応であり、速度論効果は消滅するような状態) に比べて、速度論の効果が現れる現実の充放電では、電圧が充電時に大きくなり、放電時では小さくなる。そのため、エネルギー的には電気エネルギーとして蓄積 (充電) あるいは放出 (放電) できるエネルギー量 (電気量ではないことに注意) が目減りしてしまう。なお、エネルギー保存則より、充放電反応でのエネルギー差は熱として散逸してしまう。

充放電反応における、ある時点での分極は緩和測定により知ることができる。図10に一例を示した。充電電流を途中でカットすると (図中①部)、即座に②で示す電位まで減少し、その後十分長い時間が経過すると一定値 (平衡電位) になる (図中③部)。この一定値となる過程を「緩和」とよぶ。したがって、①から③の電圧差が分極に相当する。このような分極が発生する反応論からの理由を大まかに概観すると、(1) 電極材料が電子伝導体としては比較的抵抗が大きいセラミックスであることによる抵抗損、(2) 同様に電解質中のリチウムイオン伝導度に由来する抵抗損、(3) 電極|電解質界面でのイオン・電子移動による抵抗、そして (4) 電極内 (あるい

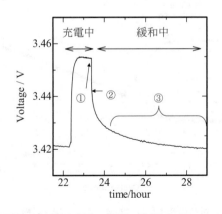

図10 典型的な緩和の電圧—時間プロファイル

はポリマー内？）中に形成されたマクロな濃度ムラを打ち消すためのイオン拡散過程による抵抗などが考えられる。このうち，(1), (2) はオーム則に従う抵抗であり，(3), (4) は非オーム則の抵抗である。またそれぞれの抵抗は緩和に要する時間が異なり，その事実を利用してインピーダンス法で分離を行うこともできる。しかし，このような緩和測定をすると分極を定量的に評価することが可能であるが，1回の緩和に数時間～数十時間を要することもあり，サイクル毎の多数のデータが必要なケースにおいては，実際的とはいえない。

　そこで，サイクル毎の分極をラフではあるが簡易的に見積もる手法として，以下に2つの例を示す。第1の方法は，充電，放電どちらでも分極の寄与は全く同じであると考えて，それぞれの平均電圧差を2で割るという方法である。この方法でサイクル毎の分極の変化を調べることができる。ただし，充放電時の容量差が大きい（クーロン効率が1から逸脱する）ような場合には，上記の仮定の適否が疑われる。そこで，第2の方法として，あらかじめ開回路電圧を第1サイクルで測定しておき各サイクルの平均電圧から差し引くという方法もある。この方法は，開回路電圧が組成全体で一定である二相共存反応系で簡単に適用可能である。図11は後者の方法によって，サイクル毎の擬似的な分極（Quasi-polarization）を充電（黒い丸）および放電（白い丸）に対してプロットした結果である（測定対称の電極は二相共存系の$LiFePO_4$)。また参考に，図6で示したサイクルに対する放電電位の変化も示した。この例ではトリガー領域が30サイクル目に発生しており，それを境に容量安定期から劣化期に移行している。容量変化と分極変化は明らかに一対一対応関係を示している。また，容量劣化期（～30サイクル以降）では充電時と放電時で擬分極値が異なっており，放電時に分極が大きくなっている。この理由として，(1) クーロン効率が容量劣化期では100%ではないため，見かけ上充電時の分極が小さくなっている（副

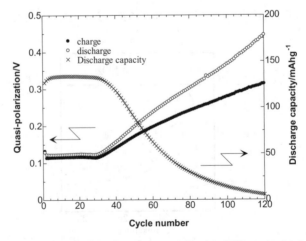

図11　擬分極値のサイクルに対する変化の例（電極は $LiFePO_4$)

第3章　電解質材料

反応の電位が低いため），または (2) 本質的に充電と放電反応の速度論が異なっており，たとえば電解質中でアニオンの偏析（充電中と放電中ではアニオンの偏析する電極｜電解質界面が異なる）などが関与しているなどの理由が推測される。

　以上のように，擬分極値を解析する方法は，算出過程においていくつかの仮定を置いている点や，全ての分極成分を分離することができないという欠点が存在する。しかし，普及タイプの（比較的安価な）充放電試験機によって手軽に計測できるため，初期のスクリーニング作業などでは有用と考えられる。

(4)　電気化学インピーダンス（EIS）測定

　先述したように，電気化学反応の速度論と関係する電池内部の抵抗成分には，複数の要因から構成されている。普及型の充放電試験機（ガルバノスタット）を用いた測定では，これらを区別することが難しいが電気化学インピーダンス法を用いることができれば，比較的簡便に抵抗成分を分離することができる可能性がある。なお電気化学インピーダンス測定の原理と詳細な実験法は，成書を参照されたい[20]。

　先述した (1) 電極コンポジットにおける電子伝導と (2) 溶液中のリチウムイオン伝導による抵抗損は高周波側に，(3) 正極または負極｜電解質界面でのイオン・電子交換反応による抵抗は中周波域に，そして (4) 電極内（あるいはポリマー内）中のイオン拡散は低周波側に現れると考えられる。典型的な全固体電池（Li｜ポリマー電解質｜LiFePO$_4$）についてインピーダンス測定した結果を図12に示す。

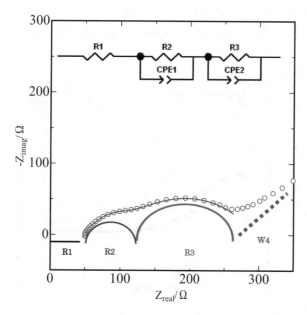

図12　全固体電池（Li｜ポリマー電解質｜LiFePO$_4$）で観測されたインピーダンススペクトル

このスペクトルには，高周波側端に抵抗R1，中周波域に2つの円弧 R2，R3が観測され，さらに低周波域にワールブルグ成分のようなW4が見られる。R1は電極コンポジットにおける電子抵抗か溶媒中のイオン抵抗であり，R4は電極内か電解質内におけるイオン拡散に対応する。R2，R3はそれぞれ（負極（リチウム金属）｜電解質）における電荷移動抵抗と，（正極（LiFePO$_4$）｜電解質）における電荷移動抵抗に該当する。スペクトルの帰属は，R1，R4についてはスペクトル形状から経験的に間違いないと考えられるが，R2，R3の円弧の帰属については注意が必要である。負極Liと電解質界面は，Li｜ポリマー電解質｜Liの対称セルを使ってインピーダンス測定することで円弧を形成する周波数領域が分かる[18]ため，R2が負極として帰属できた。他にも，SEI皮膜（電極|電解質界面に形成されるイオン導電性の皮膜：一般的には電解質が分解したために発生したものと考えられる）による円弧も観測されることがあるため，さまざまな検証実験を経て円弧の抵抗成分帰属を行うことが重要である。いったん，スペクトルの帰属ができれば，図12に示した等価回路を使ってフィッティングをして定量的な解析が可能となる。なお，この等価回路モデルではワールブルグ成分W4が現れる周波数範囲は一部カットしている。

　このようなインピーダンス測定とフィッティングを各サイクルの充電放電末に行うことで，抵抗成分のサイクル変化をプロットした結果が図13である。

　図13より，容量安定域，トリガー領域と容量劣化期ではインピーダンス挙動が異なっていることが分かる。容量安定期ではインピーダンスが比較的変化していないのに比べて，トリガー領域では正極｜電解質界面の抵抗が急激に増加している。また，電解質バルクの抵抗もわずかであるが増大している。したがって，容量劣化の要因が，正極｜電解質，電解質バルクの内部で発生

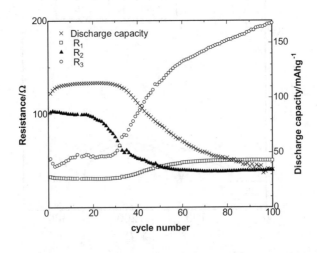

図13　各インピーダンス成分のサイクル毎の変化（×は，放電容量の変化を示している）

していることが分かる。これは，先述した電解塩が正極｜電解質界面で副反応分解し（正極｜電解質界面の抵抗増加），その結果，電解塩が消費されてバルク抵抗も増加したという現象を裏付ける実験結果であるといえる。

このように，ガルバノスタットやインピーダンス装置を用いた電気化学測定は，電池性能の測定のみならず，電池を解体することなく，電池内部で発生している電気化学反応について多くの情報を抽出することができる。しかしながら，得られるデータは間接的な情報に限られ，現象論的に電気化学反応を推測しなければならないという限界がある。

1.4.4 電池内部の直接観察等による電気化学特性の解析例

本稿の残りの部分は，1.4.3項に対して補完的に電池の特性解析をした結果について紹介する。

(1) SEM/EDS 測定

SEM/EDS（走査型分析電子顕微鏡およびエネルギー分散型X線分析法）を用いることで電極コンポジットの粒子形状や電極｜電解質界面のイオン分布（ただしF以上の重元素）を μm ス

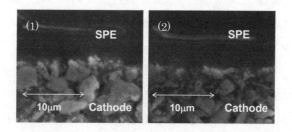

図14　電極（Cathode，LiFePO$_4$コンポジット）と電解質（SPE：ポリマー電解質）について (1) サイクル前と (2) 50 サイクル後の状態の SEM 写真を比較した結果

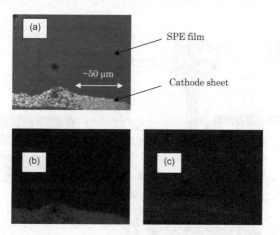

図15　全固体リチウムポリマー電池の 50 サイクル後の SEM/EDS 観察結果
(a) SEM 写真，(b) Fe の分布 (c) F の分布

ケールで検証することができる。図14には，サイクル前と50サイクル後の電極｜電解質部のクロスセクションをSEM観察した結果である。図から明らかなようにサイクル後は電極の活物質（LiFePO$_4$）粒子が微粉化していることが観察される。このことから，充放電に伴う劣化要因の一つと関連するのではないかという議論が可能となる。

さらに劣化後サンプルについてEDS分析をした結果を図15に示した。(a)はSEM写真を，(b-c)は，それぞれ鉄，フッ素の分布を示している。図からはサイクル後でも鉄の分布は電極材料活物質に由来する部分からの信号しか得られておらず，EDS感度ではポリマー部に溶出するような現象が発生していないことが分かった。一方，アニオンに由来すると思われるフッ素のシグナルは，電極｜電解質界面部に偏析しており，劣化時にアニオン分解がおそらく電気化学反応によって発生していることが示唆された。このようにSEM/EDS分析は，電気化学測定に比べて，より直接的なイメージを提供してくれるが，破壊検査であるためトリガー領域に見られる劣化開始の決定的瞬間をとらえることが難しい（リアルタイム性の欠如）ことが問題点である。また，クロスセクション観察のために試料を破断する場合，やわらかい有機物と硬いセラミックスをきれいに切断することが技術的に難しいという課題もある。

(2) 電池厚みのリアルタイム測定

SEM/EDSの非リアルタイム性を補完するために，図16に示すようなセルを用いて，厚み計測計でリアルタイムに電池の厚みを測定した。そのサイクル毎の厚み変化と可逆容量を記録した結果が図17である。図17から分かるように，電池の厚みは，10サイクル後の容量劣化開始（トリガー領域）の数サイクル前に，大きな減少を示唆している。この結果は，図14に示したSEM観察結果と合わせて考えると，充放電に伴って活物質の微粉化が進行し，ある時突然，セラミックス粉末および結着剤で構成される電極コンポジット構造が崩壊したのではないかと考えられる。

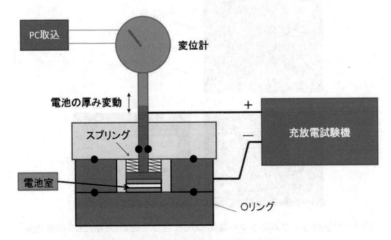

図16　変位計（厚み計）つき電池試験セル

第3章　電解質材料

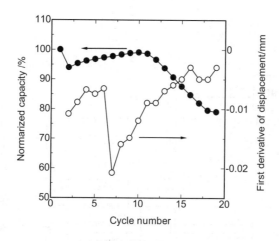

図17　図16に示した装置で測定した放電容量と厚み計の値（微分値）のサイクル変化

この結果，イオン交換あるいは電子交換が阻害され，分極が徐々に増加し界面電位がポリマーの酸化限界に達して，継続的な電気化学分解が始まったのではないかと推測される。

(3) その他の方法

その他の直接的なポリマー電池解析法も今後様々に提案されると予想される。たとえば，筆者らのグループではNMRを用いて電池内のリアルタイム・イメージングの技術も開発中である[21]。NMRは軽元素に有効であり，H，Li，F核などを個別に観測することができると考えられる。またSEMではできなかったリアルタイム性を確保しつつ，元素マッピングすることも可能であると考えている（図18参照）。

1.5　おわりに

全固体型リチウムポリマー電池の作成と機能解析や評価法を中心に，実際的な研究・実験内容について紹介した。材料個々の要素スペック（たとえば，電解質のイオン伝導度など）の特性解析や性能向上にかかわる研究が進んでいる一方，システムとして電池を組み立てた場合の評価結果はいまだに少ない。その中で，特性測定をした結果は，イオン伝導度のような部材バルクの性質よりも，電極｜電解質界面にかかわる化学反応などのほうが電池特性に直接影響していることが分かってきた。その観点で，全固体電池を作成し適切な評価をすることが重要である。本稿がその一助となれば幸いである。

次世代型二次電池材料の開発

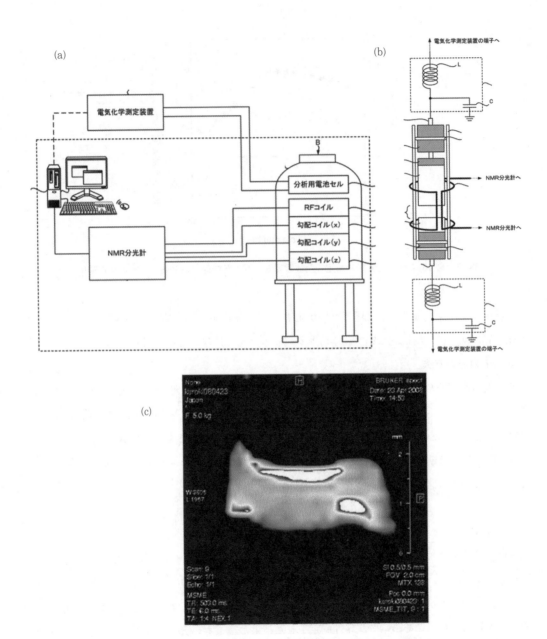

図18 NMRイメージング法（システム構成 (a)，電池セルの概要 (b)）によって行った全固体電池中における（in-situ）プロトンの分布のスナップショット (c)

第3章 電解質材料

文　献

1) 渡辺正義, 導電性高分子 (緒方直哉編), 第4章, 講談社サイエンティフィック (1990)
2) F. M. Gray, "Polymer Electrolytes", The Royal society of Chemistry, Cambridge, UK (1997)
3) C. Wang, Y. Xia, K. Koumoto and T. Sakai, *J. Electrochem. Soc.*, **149**, A 967 (2002)
4) G. Jiang, S. Maeda, Y. Saito, S. Tanase and T. Sakai, *J. Electrochem. Soc.*, **152**, A 767 (2005)
5) T. Niitani, M. Shimada, K. Kawamura and K. Kanamura, *J. Power Sources*, **146**, 386 (2005)
6) T. Niitani, M. Shimada, K. Kawamura, K. Dokko, Y. H. Rho and K. Kanamura, *Electrochem. Solid-State Lett.*, **8**, A 385 (2005)
7) P. P. Soo, B. Huang, Y. I. Jang, Y. M. Chiang, D. R. Sadoway and A. M. Mayes, *J. Electrochem. Soc.*, **146**, 32 (1999)
8) P. E. Trapa, Y. Y. Won, S. C. Mui, E. A. Olivetti, B. Huang, D. R. Sadoway, A. M. Mayes and S. Dallek, *J. Electrochem. Soc.*, **152**, A 1 (2005)
9) S. Seki, Y. Kobayashi, H. Miyashiro, A. Yamanaka, Y. Mita and T. Iwahori, *J. Power Sources*, **146**, 741 (2005)
10) Y. Kobayashi, H. Miyashiro, T. Takeuchi, H. Shigemura, N. Balakrishnan, M. Tabuchi, H. Kageyama and T. Iwahori, *Solid State Ionics*, **152-153**, 137 (2002)
11) Y. Kobayashi, H. Miyashiro, K. Takei, H. Shigemura, M. Tabuchi, H. Kageyama and T. Iwahori, *J. Electrochem. Soc.*, **150**, A 1577 (2003)
12) S. Seki, Y. Kobayashi, H. Miyashiro, Y. Mita and T. Iwahori, *Chem. Mater.*, **17**, 2041 (2005)
13) H. Miyashiro, Y. Kobayashi, S. Seki, Y. Mita, A. Usami, M. Nakayama and M. Wakihara, *Chem. Mater.*, **17**, 5603 (2005)
14) Y. Kobayashi, S. Seki, M. Tabuchi, H. Miyashiro, Y. Mita and T. Iwahori, *J. Electrochem. Soc.*, **152**, A 1985 (2005)
15) H. Miyashiro, S. Seki, Y. Kobayashi, Y. Ohno, Y. Mita and A. Usami, *Electrochem. Comm*, **7**, 1088 (2005)
16) Y. Kobayashi, S. Seki, A. Yamanaka, H. Miyashiro, Y. Mita and T. Iwahori, *J. Power Sources*, **146**, 719 (2005)
17) Y. Masuda, M. Nakayama, M. Wakihara, *Solid State Ionics*, **178**, 981 (2007)
18) F. Kaneko, S. Wada, M. Nakayama, M. Wakihara, J. Koki, S. Kuroki, *Adv. Funct. Mater*, **19**, 918 (2009)
19) Y. Kato, S. Yokoyama, H. Ikuta, Y. Uchimoto, M. Wakihara, *Solid State Ionics*, **150**, 355 (2002)
20) 板垣昌幸, 電気化学インピーダンス法 原理・測定・解析, 丸善 (2008)
21) 黒木重樹, 中山将伸, 特願 2009-0785680 (2009)

2　スター型高分子固体電解質

新谷武士[*1]，天池正登[*2]

2.1　はじめに

　携帯電話やノートパソコンなどの小型携帯機器の著しい普及と電池の小型・軽量化の進展に伴い，その搭載電源としてリチウムイオン電池の需要は急速に拡大してきた。近年では，石油資源の枯渇や地球温暖化といった環境面への関心の高まりを背景に，ハイブリッド電気自動車（HEV）や電力貯蔵システムといった中・大型用途への適用も検討されており，リチウムイオン電池はこれらの用途においても従来の電池に置き換わるものとして大きな期待が掛けられている。リチウムイオン電池は，基本的に負極／電解質／正極から構成され，電解質としてリチウム塩を溶解させた有機電解液が用いられている。この有機電解液が可燃性であることから常に安全性の面で課題が残されている。これらの問題を解決するために，保護回路モジュールといった部材面からのアプローチや，セパレータによるシャットダウン機能，電解液への難燃性・不燃性の付与，正極をより安全性の高い材料への変更といった材料面からのアプローチがなされているが，電池のコストを高める要因となっている。安全性とコストの両立には，「電解質の固体化」が一つの解決手段として期待されており，その中でも薄膜化，軽量化，大面積化，成形性の観点から高分子固体電解質の適用が特に注目されている[1]。

　高分子固体電解質は通常の有機電解液と異なり，それ自身がイオン伝導体としてのリチウムのイオン輸送を担うだけでなく，正極と負極の接触を防ぐためのセパレータとしての役割を担う必要がある。高分子固体電解質中におけるイオンの移動は高分子鎖のセグメント運動に支配されるため，イオン伝導性を高めるにはポリマーのセグメント運動を活発化させる必要がある。しかしながら，ポリマーの運動性を高めることは材料の弾性を下げることを意味し，機械的強度が低下してしまうため，セパレータとしての役割を果たすことができない。

　上述のようにイオン伝導性と機械的強度は相反する性質であるため，この両者を満足させる材料設計として高分子が持つ自己組織化（ミクロ相分離構造）に着目し，ミクロ相分離構造を有する高分子固体電解質（リニア型MESポリマー）を開発した（図1a）。リニア型MESポリマーとは，短いポリエチレンオキシド（PEO）を側鎖に持つメタクリル酸エステル（PEGMA）とスチレンからなる直鎖状のブロック共重合体であり，リビング重合法を用いて合成している。このポリマーの特長は，イオン伝導を担うPEO部と機械的強度を担うスチレン部がそれぞれ自己

[*1]　Takeshi Niitani　日本曹達㈱　高機能材料研究所　第二研究部（兼）研究開発本部
　　　電子材料開発部　主任研究員

[*2]　Masato Amaike　日本曹達㈱　高機能材料研究所　第二研究部　主任研究員

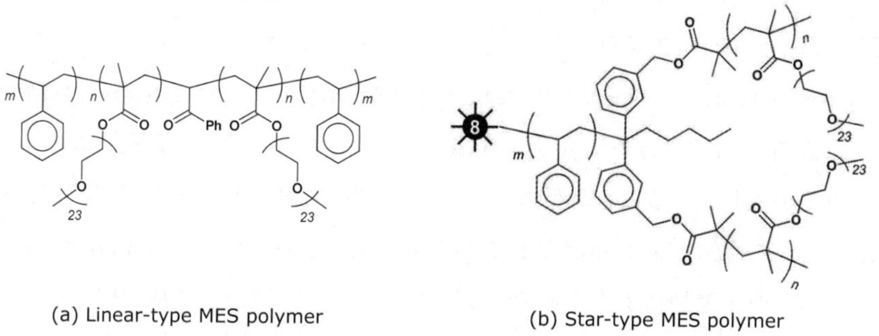

第3章 電解質材料

(a) Linear-type MES polymer (b) Star-type MES polymer

図1 MESポリマーの構造式
(a) リニア型MESポリマー，(b) スター型MESポリマー

組織化によりミクロな領域で相分離構造を励起することである。PEGMAとスチレンの組成比をコントロールすることにより，PEO部が連続相となったときにイオンパスが形成され，機械的強度を維持しながらも高いイオン伝導性を示す電解質となる[2,3]。

また，高分子の持つ"形状"に着目し，スター型MESポリマーを開発した（図1b）。このポリマーは，リニア型MESポリマーと同等のイオン導電性を持ちながら機械的強度に優れるだけでなく，電気化学特性も良好であった[4～6]。

本稿では，スター型MESポリマーを中心に，そのイオン導電性，機械的強度，さらに電気化学特性について概説する。

2.2 スター型MESポリマーの特性

近年，精密重合技術の発展に伴い，多種多様の制御高分子の合成が可能となってきた[7～9]。その中でも特にスターポリマーは3次元構造を持ち，従来のリニア型ポリマーとは異なる物性を示すことが知られている。スターポリマーはすべてのポリマー鎖の一端が中心のコア部に結合しているため，中心付近の非常に密な領域から最外殻付近の希薄な領域まで傾斜的にセグメント密度が減少している[10]。すなわち，中心部はポリマー鎖の運動性が低く，最外殻はポリマー鎖の運動性が高いことを意味し，高分子固体電解質として理想的なスターポリマーは導電性部位を外殻に，強度を担う部位を内核に配置した構造である。内核にスチレン部を，外殻にPEO部を持つスター型MESポリマーは，反応機構の異なる2つのリビング重合法を組み合わせることにより合成し，組成比ポリPEGMA：ポリスチレン＝89 wt％：11 wt％（PEO含有量81％），重量平均分子量50万，分子量分布1.2を使用した。MESポリマーは，スチレンとPEOという非常に単純な構造からなる材料であるため，50℃で1年間放置しても分解せず高い安定性を保っている。また，

空気中に放置すると水分を吸収するが、脱水処理により電解液並み（30 ppm 以下）の水分量まで低減可能であるという特長を有する。

図2にスター型 MES ポリマーを用いた高分子固体電解質のイオン導電率の温度特性を示す。比較として、直鎖状 PEO（分子量40万）を用いた値も示した。イオン導電性に寄与しないスチレンユニットを導入しているにもかかわらず、スター型 MES ポリマー電解質の導電率は従来の PEO 系電解質よりも高く、特に室温以下でその差が顕著であった。イオン伝導は主に PEO 中の非晶質部のセグメント運動によるイオンの移動によって起こるため、短い PEO 鎖がグラフトした PEGMA を使用したことにより PEO の結晶化が抑制され、高いイオン導電性を示すことが分かった[11〜18]。

次に、種々のリチウム塩がイオン導電性に与える影響を検討した。リチウム塩として LiN$(SO_2C_2F_5)_2$(LiBETI)、LiN$(SO_2CF_3)_2$(LiTFSI)、$LiPF_6$、$LiClO_4$、$LiCF_3SO_3$(LiTFS)、$LiBF_4$ を使用したときのイオン導電率を図3に示す。結果、比較的大きなカウンターアニオンを持つ、LiBETI や LiTFSI が最も高い導電率を示した。これはリチウム塩の分極率が大きいだけでなく、カウンターアニオンが可塑剤として働いているためと考えられる[19,20]。また、5℃という低温下でも 10^{-5} S/cm という高い導電率を維持することが分かった[21]。一方、$LiBF_4$ を用いた場合、膜質が非常に硬くなり低温下で急激な導電率の低下が起こり[22]、使用するリチウム塩によって相性があることが明らかとなった。

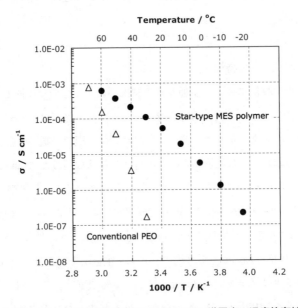

図2　スター型 MES 電解質におけるイオン導電率の温度依存性

第3章　電解質材料

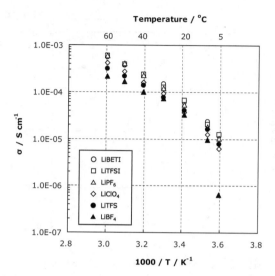

図3　種々のリチウム塩におけるイオン導電率の温度依存性

図4は最適なLiBETIで添加量を変化させた場合のイオン導電率について示したものである。LiBETIの添加量に対してイオン導電率が極大値を持ち，PEOに対してリチウム塩を0.03 eq添加した時に室温で10^{-4} S/cmの導電率を示した。一方，リチウム塩を加え過ぎると導電率が低下する傾向が見られた。これはPEOに配位するリチウムイオンの数が増加し，擬似架橋効果が強くなり，ポリマーのセグメント運動が低下したためであると考える。

実際に図5の示差走査熱量測定（DSC）測定結果より，リチウム塩量の増加に伴いガラス転移温度（T_g）が高くなる傾向が見られ，その擬似架橋効果を裏付けている。また，[Li]/[EO] =

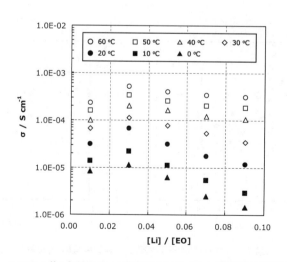

図4　リチウム塩（LiBETI）の濃度におけるイオン導電率の温度依存性

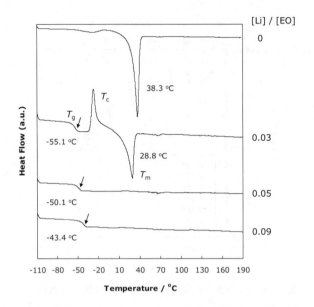

図5　スター型MESポリマー，スター型MES電解質のDSC測定結果

0.03のときに最も高いイオン導電率を示したが，30℃付近にポリマーの融点（T_m）が観測されており，熱履歴を考慮すると完全にアモルファスとなる[Li]/[EO] = 0.05が最適であると判断した。

イオン導電率を見ると，[Li]/[EO] = 0.03の場合，高温から低温を測定したときと，低温から高温を測定したときにヒステリシスが観測されたが，[Li]/[EO] = 0.05の場合は観測されなかった（図6）。このことから，リチウム塩の添加量は[Li]/[EO] = 0.05が最適であると判断

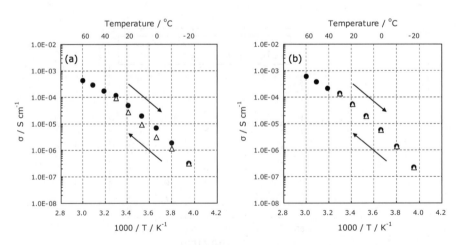

図6　スター型MES電解質のイオン導電率の熱履歴
(a) [Li]/[EO] = 0.03, (b) [Li]/[EO] = 0.05

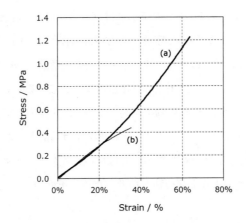

図7　MES 電解質膜の応力−伸度曲線
(a) スター型 MES 電解質，(b) リニア型 MES 電解質。
測定温度 25 ℃，引張り速度 20 mm/min。

した。

また，図7に示すスター型電解質とリニア型電解質の Stress-Strain 曲線を見ると，スター型はリニア型より3倍の強度，2倍の伸度があった。使用しているポリマーセグメントは同じでも，その組み上げ方で特性をさらに大きく向上させることができることが，高分子固体電解質の持つ魅力的な特長の一つである。

2.3　全固体型リチウムイオン二次電池

図8にスター型 MES 電解質を用いたリチウム二次電池の充放電試験結果を示す。コバルト酸リチウムとアセチレンブラック，そしてバインダーとしてスター型電解質を用いて作製した複合正極にポリマー溶液を含浸させ，加熱真空乾燥により溶媒を完全に除去して固体電解質膜を形成

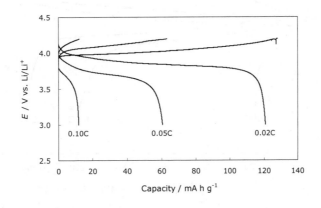

図8　25 ℃におけるスター型 MES 電解質の充放電曲線

させた．その上に負極である金属リチウムを貼り付けることにより評価セルを作製した[3, 6]．作製した全固体リチウムイオン二次電池は室温下でも良好に作動し，94％の充放電効率を示した．一方，ポリマー構造による比較を行ったところ，スター型電解質で作製したセルの放電容量のほうが大きいことが分かった．通常，液系電解質は自由に流動できるので正極中に均一に分布するが，高分子固体電解質では活物質の利用効率を高めるため，正極内の空孔へポリマーを隙間なく含浸させる操作が必要である．それにはポリマー粘度を下げる必要があるが，ポリマー粘度が低すぎると複数回の含浸操作が必要であり現実的ではない．スターポリマーはその分岐構造由来により，同一分子量のリニア型よりも溶液粘度が低いため，正極中の空孔に隙間なく入り込める．

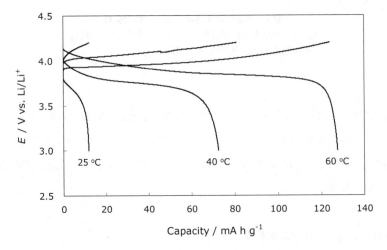

図9　0.1Cにおけるスター型MES電解質の充放電曲線

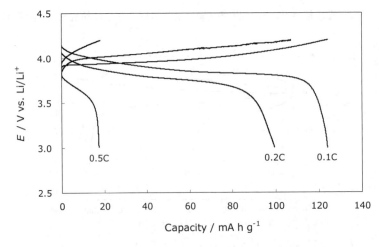

図10　60℃におけるスター型MES電解質の充放電曲線

第3章　電解質材料

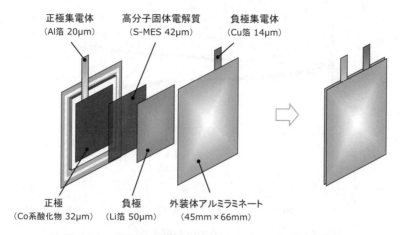

図11　スター型MES電解質を用いたラミネート型電池の構成図

また，スター型MESポリマーのスチレン部はPEGMA部に覆われており，外殻はPEO界面しかないため，正極活物質との接触がPEO部としか起こらず，リニア型より接触効率が高くなったことから放電容量が向上したものと考えられる[6]。

次に，レート特性と温度の影響を検討した。まず，25℃での充放電レートを変えたところ，レートを上げるにつれて放電容量は低下し，0.1Cでは10 mAh/gと非常に小さい放電容量となった（図9）。そこで，レートを0.1Cに固定して温度を変えたところ，60℃まで温度を上げることにより理論容量近くまで放電容量が出ることが分かった（図10）。さらに，温度を60℃に固定してレートを変えたところ，0.2Cまでなら100 mAh/gを超える放電容量が出ることが明らかとなった。

2.4　ラミネート型薄膜二次電池

高分子固体電解質の特長はその高い柔軟性にあり，形状の自由度が高いラミネート型電池で特性を発揮すると期待される。そこで，図11に示す部材を用いて，ラミネート型電池を作製した。

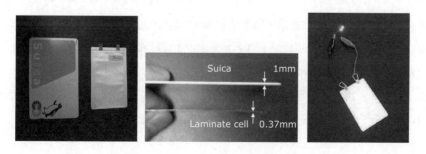

図12　ラミネート型薄膜二次電池の外観

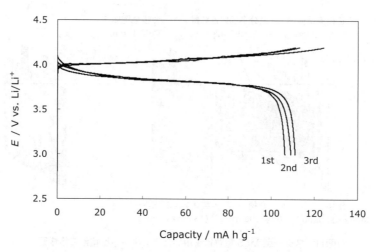

図13 25℃におけるラミネート型薄膜二次電池の充放電曲線

得られたラミネート型電池はSUICAより一回り小さなサイズであり,その厚みは0.37 mmとSUICAの1/3ほどの薄膜電池である(図12)。その充放電特性を図13に示す。結果,充放電効率は100%に近く,室温でも電池として作動することを確認した。

今回作製したラミネート型電池は,完全固体型であるので高い安全性はもちろんのこと,保護回路や筐体が要らないため,コストの低減だけでなく電池の自由度が高まり,自由な形状の電池が作製可能というメリットを有する。

2.5 今後の展開

現在,電動アシスト自転車や電動バイク,電気自動車といった電池を搭載した乗り物が世の中に出てきた。これらの電池には高い安全性はもちろんのこと,高出力化が求められる。高分子固体電解質は液系電解質に比べて2桁ほどイオン導電性が低いため,高出力化にはさらなるイオン導電率の向上,あるいはさらなる電解質の薄膜化が必要である。

リチウムイオン二次電池の反応は,リチウムイオンの挿入・脱離反応であるので,電極を3次元化することにより,その界面面積を飛躍的に増加させ,低い導電率でもレート特性を大幅に引き上げることが可能となってきた[23]。首都大学東京の金村研究室では,金箔の上にインクジェットに近い方法で正極/負極材料を塗工した櫛型電極を作製し,その上にMESポリマーをキャストすることにより,10Cという大電流での充放電に成功している。3次元電極を適用したこれらの結果は,高分子固体電解質を非常に魅力的な材料へ引き上げることに成功した。

第3章 電解質材料

2.6 おわりに

以上，高分子材料が持つミクロ相分離構造という自己組織化を利用し，イオン導電性と機械的強度という相反する特長を一つの材料で兼ね備えるMESポリマーについて紹介してきた．近年の高分子合成技術の発展に伴い，多種多様の分子構造を制御できるようになり，同じ材料でもその組み上げ方で大きく特性が変化することが示され，今後さらに優れた高分子固体電解質の登場が期待される．しかしながら，優れた完全固体型リチウム二次電池を作製するには材料自身の特性を高める必要はもちろんのこと，その電池を作製する上でのプロセス技術の革新も重要となってくる．つまり従来の製造法からより高度な製造方法が必要であり，材料とプロセスの融合により今までにない新規な電池が生まれるものと期待している．

文　　献

1) 植谷慶雄, ポリマーリチウム電池, シーエムシー出版 (1999); 金村聖志監修, ポリマーバッテリーⅡ, シーエムシー出版 (2003) 等
2) T. Niitani, M. Shimada, K. Kawamura, K. Kanamura, *J. Power Sources*, **146**, 386 (2005)
3) T. Niitani, M. Shimada, K. Kawamura, K. Dokko, Y. H. Rho, K. Kanamura, *Electrochem. Solid-State Lett.*, **8**, A 385 (2005)
4) T. Niitani, M. Amaike, K. Kawamura, M. Sawamoto, *Polymer Preprints, Japan*, **55**, 2921 (2006)
5) T. Niitani, M. Amaike, M. Ouchi, M. Sawamoto, *Polymer Preprints, Japan*, **56**, 2752 (2007)
6) T. Niitani, M. Amaike, H. Nakano, K. Dokko, K. Kanamura, *J. Electrochem. Soc.*, 156, A 577 (2009)
7) M. Kato, M. Kamigaito, M. Sawamoto, T. Higashimura, *Macromokecules*, **28**, 1721 (1995)
8) M. Kamigaito, T. Ando, M. Sawamoto, *Chem. Rev.* (*Washington, D.C.*), **101**, 3689 (2001)
9) K. Matyjaszewski, J. Xia, *Chem. Rev.* (*Washington, D.C.*), **101**, 2921 (2001)
10) 石津浩二, 分岐ポリマーのナノテクノロジー, アイピーシー (2000)
11) N. Kobayashi, M. Uchiyama, E. Tsuchida, *Solid Sate Ionics*, **17**, 307 (1985)
12) M. Watanabe, T. Endo, A. Nishimoto, K. Miura, M. Yanagida, *J. Power Sources*, **81-82**, 786 (1999)
13) A. Nishimoto, K. Agehara, N. Furuya, T. Watanabe, M. Watanabe, *Macromolecules*,

32, 1541 (1999)
14) H. R. Allcock, R. Prange, T. J. Hartle, *Macromolecules*, **34**, 5463 (2001)
15) P. E. Trapa, Y.-Y. Won, S. C. Mui, E. A. Olivetti, B. Huang, D. R. Sadoway, A. M. Mayes, S. Dallek, *J. Electrochem. Soc.*, **152**, A 1 (2005)
16) M. Higa, Y. Fujino, T. Koumoto, R. Kitani, S. Egashira, *Electrochim. Acta*, **50**, 3832 (2005)
17) T. Itoh, S. Gotoh, S. Horii, S. Hashimoto, T. Uno, M. Kubo, T. Fujinami, O. Yamamoto, *J. Power Sources*, **146**, 371 (2005)
18) Y. Lin, F. Z. Guo, Z. Y. Mei, W. Feng, C. Shi, W. G. Qing, *J. Polym. Sci. Part A : Polym. Chem.*, **44**, 3650 (2006)
19) A. Valle'e, S. Besner, *J. Prud'homme, Electrochim. Acta*, **37**, 1579 (1992)
20) M. Armand, W. Gorecki, R. Andre'ani, in *Second International Symposium on Polymer Electrolytes*, B. Scrosati, Editor, p. 91, Elsevier, New York (1990)
21) Solid State Electrochemistry, P. G. Bruce, Editor, Cambridge University Press, Cambridge (1995)
22) M. Ue, S. Mori, *J. Electrochem. Soc.*, **142**, 2577 (1995)
23) J. W. Long, B. Dunn, D. R. Rolison, H. S. White, *Chem. Rev. (Washington, D.C.)*, **104**, 4463 (2004)

3 固体水素化物電解質

前川英己[*]

3.1 水素と水素化物

　本稿では，水素化物，特に水素が水素陽イオン（＝プロトン）以外の形で存在する固体電解質材料をその対象とする。固体電解質材料において水素は最も重要な元素の一つである。燃料電池の電解質として開発されたNafionなどの多孔質高分子では，細孔内に担持された水分子によるプロトン伝導が発現し，固体高分子型燃料電池のセパレータ材料として利用される[1)]。一方，$CsHSO_4$, CsH_2PO_4 などのオキソ酸塩で見られる 200 ℃前後の中温プロトン伝導性は，オキソ酸陰イオン（SO_4^{2-} あるいは PO_4^{3-}）の間に構築される水素結合ネットワークの再配列を用いる。これは，いわゆるGrotthuss機構を用いた非常に速い純プロトン性のホッピング伝導によるものと考えられている。$SrCeO_3$, $BaZrO_3$ などのペロブスカイト型酸化物に異種原子価を持ったイオンをドープした高温酸化物プロトン伝導体では，欠陥化学に基づき，プロトンと電子，ホール，酸素空孔が雰囲気の酸素分圧に依存して濃度を変え，特に還元性の雰囲気で有効な高速プロトン伝導メカニズムを持ち，その時に電荷単体としてのプロトンが非常に重要な役目を果たすことになる[1)]。

　一方，水素化物中では，水素は陰イオン的な振る舞いを見せ，例えば，LiCl-LiH共晶系溶融塩では，水素はハロゲン化物イオンと共に陰イオンとしてとらえられる[2)]。このことは，陽子（プロトン）の微小粒子の性質から，H^-（イオン半径 146 pm[2)]）という Li^+（イオン半径 59-74 pm[3)]）と同じ電子配置を持ったイオンを扱うことを意味しており，おのずとイオンの運動性は大きく異なってくることが予想される。水素陰イオン（＝ハイドライドイオン）の伝導に注目した材料開発が取り組まれているが，これまでのところはっきりとハイドライドイオン伝導性材料として認知された水素化物材料は非常に少ない。本稿では，水素イオン伝導種として，ハイドライドイオンに注目した研究の幾つかと材料をまず取り上げる。

　また，窒化物，アミド，イミド系材料でリチウムイオン伝導を示す材料が知られている。本稿では，それらの紹介も行った後，ごく最近，われわれのグループで開発された全く新規な高リチウムイオン伝導を示す一連の水素化物材料を紹介する。リチウムボロハイドライド（$LiBH_4$）を中心とするそれらの材料について，最新の高リチウムイオン伝導現象の研究状況と，その材料開発を述べる。

---

[*] Hideki Maekawa　東北大学　大学院工学研究科　マテリアル・開発系　准教授

3.2 ハイドライドイオン伝導体

3.2.1 ハイドライドイオン含有酸化物

ハイドライドイオンを含んだ安定な酸化物材料として，$12\,CaO \cdot 7\,Al_2O_3$（C 12 A 7：Mayonite）[4] が知られている。この化合物は，図1に示すように，結晶内に6個の Ca^{2+} イオンと AlO_4 によって囲まれた陽イオン性のケージを持っており，その内部に電子，あるいは H^- イオンを内包することが可能であるとされる。内包により，この系の電子伝導特性に大きな変化が起こることが示された。特に，紫外線照射によってC 12 A 7：H は絶縁体―伝導体転移を引き起こす。このことは，紫外線照射によって H^- イオンから，

$$H^- \rightarrow H^0 + e^-, \tag{1}$$

の反応により，中性水素と電子への分離が起こることで説明されている。生成した電子はケージ内壁との結合が比較的弱いと考えられており，波動関数の広がりのため，電子の移動が起こることが予想されている。また，生じた H^0 はケージ内で H_2 分子へと変換される[4]。高電圧付与による H^- イオンの取り出しが実証されている。

一方，高温でプロトン伝導性を示すことで知られるペロブスカイト型プロトン伝導体において，還元性雰囲気下で条件によってハイドライドイオン伝導性が発現することがNorbyら[5]によって示唆されている。しかしその輸率（t）は $t = 10^{-4}$ 以下と極めて低く，大きな電子伝導に隠れたイオン伝導を巧妙な輸率測定法で解析しているが，今後の実験によるさらなる確認が必要である

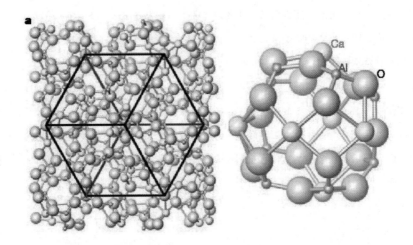

図1　（左）$12\,CaO \cdot 7\,Al_2O_3$（C 12 A 7：Mayonite）の結晶構造[4]。（右）結晶内の6個の Ca^{2+} イオンと AlO_4 によって囲まれた陽イオン性のケージ。この内部に電子，あるいはハイドライドイオンが内包されることで電子物性に大きな変化が現れる

と思われる。これらハイドライドイオン含有酸化物材料は，電池材料の新しい応用を考える上で非常に興味深いものであるが，本稿の範囲を逸脱するためこれ以上の記述は行わないこととする。

3.2.2 水素化物ハイドライドイオン伝導体

これまでに水素化物を基本とした高イオン伝導性固体材料はほとんど知られていなかった。このことは，水素化物における高い反応活性が，どちらかといえば電気化学的，熱的安定性を求められる電解質材料において積極的な開発対象として考えられてこなかった背景があると考えられる。

(1) Ba$_2$NH

水素化物における H$^-$ イオン伝導性が，Ba$_2$NH において示唆されている[6]。Ba$_2$NH の結晶は，図2に示すように α-NaFeO$_2$ 型の層状構造で，Ba の歪んだ8面体の内部を N^{3-} と H$^-$ が互い違いに占有すると報告されている。H$^-$ イオンは，その15％が格子間4面体位置に入ることで8配位位置への空孔の導入が起こり，その結果，面内での H$^-$ イオンホッピングが起こることがイオン伝導メカニズムとして示唆されている。しかしながら，その伝導度は図3に示すように単純なアレニウス型の温度依存性を示さず，温度上昇による大幅な伝導度上昇を見せる。このことは，この系での伝導機構の温度による大幅な変化を予測させ，伝導機構に関しては議論の余地が残されているように思われる。中性子準弾性散乱による測定結果から，$T = 823$ K での H$^-$ イオンの拡散係数は 2.1×10^{-5} cm^2/s と求められている。

(2) アルカリ土類水素化物

CaH$_2$，SrH$_2$ などのアルカリ土類水素化物において，ハイドライドイオン伝導性が報告されている[7,8]。その伝導度は図4に示すように，500 K で 10^{-6} Scm^{-1} の程度であり，1,000 K では

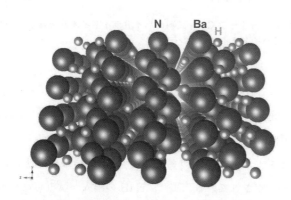

図2　Ba$_2$NH の結晶構造（α-NaFeO$_2$ 型の層状構造）[6]
Ba の歪んだ8面体の内部を N^{3-} と H$^-$ が互い違いに占有する。H$^-$ イオンは，その15％が格子間4面体位置に入ることで8配位位置への空孔の導入が起こり，その結果面内での H$^-$ イオンホッピングが起こることがイオン伝導メカニズムとして示唆されている。

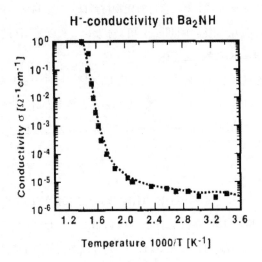

図3 Ba₂NHの電気伝導度の温度依存性[6]

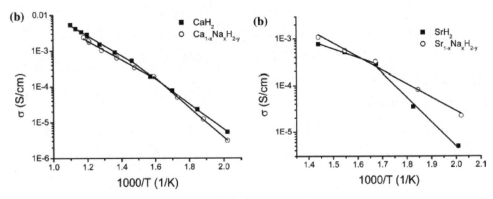

図4 （左）CaH₂およびNaHドープCaH₂試料のハイドライドイオン伝導度[8]。（右）SrH₂およびNaHドープSrH₂試料のハイドライドイオン伝導度

CaH₂において $0.01\,\mathrm{Scm^{-1}}$ まで上昇する[8]。ハイドライドイオンが欠損した欠陥の秩序―無秩序相転移に伴う伝導度の屈曲が見られるが，NaHのドープによってその転移温度が低温化すると指摘されている。伝導機構は，CaH₂，SrH₂ともに，水素欠損量が $CaD_{1.91}$，$SrH_{1.90}$ 程度まで内因性の欠陥が生成するとされ，これとD2サイトのわずかに大きな熱振動により，D2サイトのH⁻イオン伝導への寄与が示唆されている。また，NaHの導入が試みられたが，Ca^{2+} の Na^+ への置換量は 0.1 mol %程度と非常に小さく，置換はわずかにしか起こらない。しかし，NaH導入により，ハイドライドイオン欠陥は上昇し，組成は $Ca_{1-x}Na_xD_{1.82}$ および $Sr_{1-x}Na_xD_{1.87}$ で示されるまで水素量の減少が起こる。この水素濃度減少はF-中心の生成によって説明された。しかし

第3章　電解質材料

F-中心は局在化しており，伝導度の上昇，特に SrH_2 における低温での伝導度の上昇は外因性ハイドライドイオン欠陥濃度の上昇によって起こると考えられている[8]。

3.3　リチウムイオン伝導体
3.3.1　水素ドープ α-Li₃N

よく知られたリチウム高イオン伝導体である α-Li_3N は，Masdupuy らによって発見された[9]。単結晶で非常に高い伝導度が発現することが明らかとなり[10]，また，水素ドープによりその伝導度が向上することが示されている[11]。図5に示したように，結晶は Li_2N 2次元平面間に Li が存在し，その層状結晶構造から予想されるように Li_3N におけるイオン伝導は，[Li_2N] の稜共有によって構成される2次元面内の Li(2) イオンが浅いポテンシャル井戸を直接ホッピングする機構が示唆されている[12]。2次元的なイオン伝導があり，図6に示すように，伝導度は大きな異方性

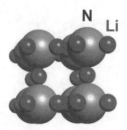

図5　Li_3N の結晶構造[12]

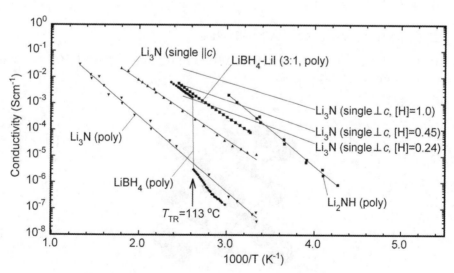

図6　様々な窒化物，水素化物のリチウムイオン伝導の温度依存性[10,11,13,17,18]
（poly）は多結晶体，（single）は単結晶での測定値を示す。

を有する。α-Li$_3$N へ水素をドープすることにより伝導度が向上することが，Lapp と Skaarup により示されている[11]。図6に示すように，0.5～1.0 mol％の水素の添加により，単結晶試料の伝導度が最大1桁以上高められることが報告されている。一方で，Li$_3$N への異種金属イオン（Mg, Cu, Al）ドープ効果は負の効果を示す[11]。水素ドープによる伝導度向上は，NH$_2^-$ グループに隣接した Li-N 結合が弱められることと，Li のフレンケル欠陥生成と空孔の移動度の増加によると説明されている。したがって，水素ドープ Li$_3$N は内因性のイオン伝導度向上効果であると報告されている[11]。単結晶での非常に高いイオン伝導性の一方で，多結晶試料での伝導度は大きく減少しており，これは大きな粒界抵抗と伝導の異方性に原因するものと考えられる。Li$_3$N は高い伝導度を示す非常に興味深い材料であるが，欠点はその熱力学的安定性にある。熱力学的に計算される電位窓はわずか 0.44 V であり，固体電池など電気化学素子への応用が制約を受けることになる。

3.3.2 リチウムイミド（Li$_2$NH）

リチウムイミド（Li$_2$NH）は，Huggins らにより伝導度が報告されている[13]。合成には Li$_3$N を N$_2$：H$_2$ ＝ 1：1 雰囲気中，500 ℃，20-30 分処理により，以下の反応

$$Li_3N + H_2 \rightarrow Li_2NH + LiH \tag{2}$$

で，Li$_2$NH と LiH の混合物を得，その後 600 ℃，純 N$_2$ 雰囲気で3時間熱分解により，以下の反応で

$$4\,LiH + N_2 \rightarrow 2\,Li_2NH + H_2 \tag{3}$$

残留 LiH を Li$_2$NH へと変換することにより得られる。

Li$_2$NH は，図7に示すように Li$_2$O と同様な逆蛍石型構造を取り，NH^{2-} 陰イオンによる面心

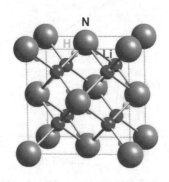

図7　Li$_2$NH（リチウムイミド）の結晶構造[13,14]

立方格子の四面体位置にリチウムイオンが配置し，8面体位置は空となっている[13,14]。Li$_2$O（4.611 Å）と比較し，NH^{2-}陰イオンサイズが大きいため格子定数は10％ほど伸びている（5.047 Å）。Li$_3$Nと比較して伝導が等方的であることが有利な点である[13]。粗い見積もりでは，LiNH$_2$の電位窓は約0.7 Vと計算されており，Li$_3$Nの0.44 Vと比較して若干広い。

3.3.3 リチウムボロハイドライド（LiBH$_4$）

リチウムボロハイドライドは，最も水素含有量の多い固体材料の一つであるため，近年，水素吸蔵材料としての研究が非常に盛んである。このことは，従来水素吸蔵合金などの金属内水素の吸放出によって行われていた水素吸蔵を，共有結合性の強いいわゆる"錯体系"水素化物によって実現するということであり，化学的観点から非常にチャレンジングなテーマである。ここで，吸放出を比較的低い圧力下でしかも可逆的に行うためには，触媒作用を持った成分の添加による反応活性化エンタルピー低下の実現が大きなハードルとなっている[15]。水素の放出の可逆性を向上させる取り組みの一つとして，水素化物錯体への高周波加熱による分解が試みられた。中森ら，松尾らは高周波加熱によるLiBH$_4$の異常な過熱現象を観測した[16]。その誘電損失スペクトルは低周波成分まで広がり，並進的イオン移動の存在が示唆された。このことを確認する目的で，松尾らはリチウムイオン伝導性の測定を行った[17]。

図8に，LiBH$_4$の交流Cole-Cole図の温度依存性を示した。驚くべきことに，Li金属を両電極に用いた交流インピーダンススペクトルでは，低周波側に観測される電極での分極が全く観測されなかった。図9には，直流測定の結果を示す。直流伝導度測定の傾きから得られる抵抗は，交流インピーダンス測定とまったく一致し，このことからもLi電極に対する分極が非常に小さいことがわかった。図10に示した広幅^{7}Li NMRスペクトルでは，LiBH$_4$結晶の構造相転移温度（115 ℃）において，大幅な線幅の減少が見られる[17,18]。また，スピン―格子緩和時間（T_1）の温度依存性には，図11に示す最小値が観測され，それを解析すると，原子レベルでのミクロイオン運動が観測できる。その結果とイオン伝導度には以下に説明する1：1の対応が見られ，この材料が純粋なLiイオン伝導体であることが確認された。

^{7}Li核は$I = 3/2$の四重極核で，核四重極相互作用を持つが，LiBH$_4$ではLi核の核磁気モーメントとBH$_4^-$陰イオンに含まれる水素核との間の異種核双極子―双極子相互作用によって緩和時間が説明でき，

$$\frac{1}{T_1} = \frac{\mu_0^2 \hbar^2 \gamma_H^2 \gamma_{Li}^2}{320 \pi^2 \sum_i r_i^6} \left[\frac{2\tau}{1+(\omega_H-\omega_{Li})^2\tau^2} + \frac{6\tau}{1+\omega_{Li}^2\tau^2} + \frac{12\tau}{1+(\omega_H+\omega_{Li})^2\tau^2} \right] \quad (4)$$

で示されるBPP式が成立する[18]。ここで，τは分子の並進運動の相関時間を意味し，しばしば

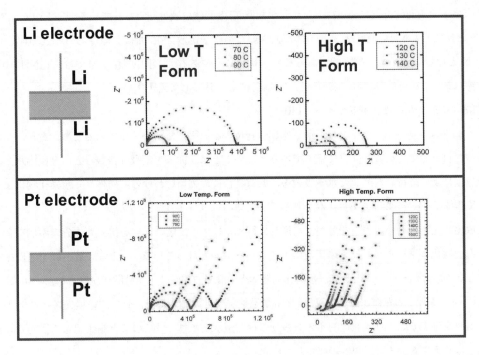

図8 LiBH₄の低温相（70 ℃, 80 ℃, 90 ℃）および高温相（120 ℃, 130 ℃, 140 ℃）の交流インピーダンス測定によって得られた Cole-Cole 図[17]

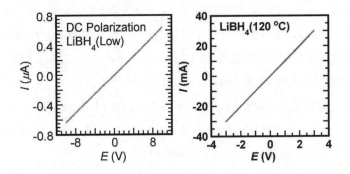

図9 LiBH₄の直流分極測定によって得られた電位―電流曲線
インピーダンス測定と同一の抵抗が得られた。

イオンの運動の相関時間と非常に一致することが知られる。τ は酔歩の理論に基づき Einstein-Smolkovski 式，

$$D = \frac{L^2}{n\tau}, \tag{5}$$

第3章　電解質材料

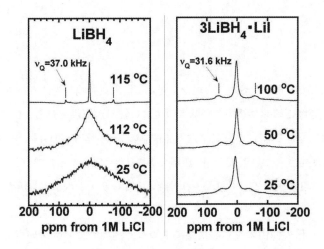

図10　LiBH₄ および 3LiBH₄・LiI の広幅 ⁷Li NMR 測定結果[17,18]

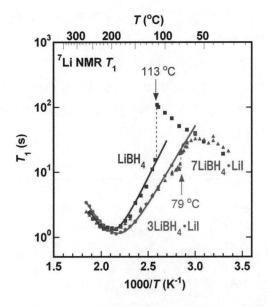

図11　LiBH₄ および LiI ドープ LiBH₄ の ⁷Li NMR T_1 測定結果[18]
実線は，(4)式による解析結果。得られた分子運動の相関時間 τ は(5)式，(6)式により実測の電気伝導度と極めてよく一致する。

により，自己拡散係数 D との間に非常に単純な関係式が成り立つことが知られる。この自己拡散係数は，$n = 2, 4, 6$ がそれぞれ，1次元的，2次元的，3次元的拡散であることを意味するが，このことと，Nernst-Einstein 式，

$$\sigma = \frac{Z^2 F^2 DC}{RT}, \tag{6}$$

を組み合わせることで，原子レベルでの現象を捉える核磁気共鳴分光法とバルクの物性であるイオンによる電気伝導度との間に極めて曖昧さの少ない証拠が提供される。図11に示したNMRの緩和時間解析により，LiBH$_4$の高温相六方晶結晶の分子運動相関時間τが求められ，その結果を結晶構造から決定された最近接Li-Li距離である$L = 4.26$ Åとして(5)式に代入し，(6)式を用いることで，伝導度が極めてよく再現され，疑いのないリチウムイオン伝導体であることがわかった。

LiBH$_4$の高イオン伝導性由来を結晶構造に求めると，極めて興味深い点が明らかになった。LiBH$_4$の相図に注目すると，図12に示すように，非常に特徴的なP-T関係を持っていることに気がつく[20]。高温相が高圧下でより低温まで安定化することが示され，通常結晶での高温相での密度の減少から予想される挙動と逆になっている。これは，α-AgIの高温超イオン伝導相でも観測されるが，結晶構造内の構造欠陥の安定性と関係しており興味深い。さらに，LiBH$_4$における電気伝導度の圧力依存性により見積もられた活性化体積が非常に小さな値であることが最近，高村らの測定から明らかになった[21]。図13に示すLiBH$_4$の結晶は[22]，特に高温相の結晶構造において内因的な構造欠陥を保持していることがうかがえ，それがこの系での高イオン伝導の本質と密接に関係していると考えられる。

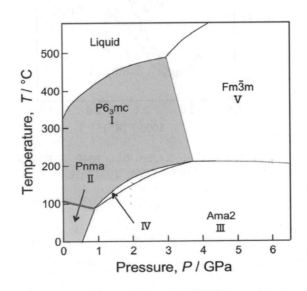

図12　LiBH$_4$のP-T相図[20]
高イオン伝導相（P6$_3$mc (I)）の安定領域が，圧力と共に低温側に移動する特異な挙動を示す。

第3章　電解質材料

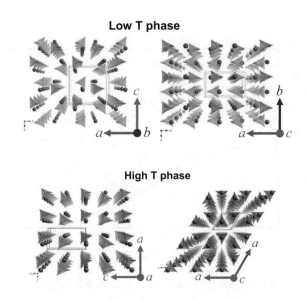

図13　LiBH₄の結晶構造。低温相と高温相[22]

　LiBH₄は強還元性の化合物であり，その反応は界面での還元的な反応を期待させる。実際に電気化学的反応性を確認すると，LiBH₄とLi金属の界面は非常に良好である。このことは，Li電池材料として，特に負極特性に優れた材料であることが期待される。LiBH₄を電解質として用いた全固体電池は，開回路電位として，熱力学に期待される電位を示すことが確かめられている。その充放電性能は，可逆性に若干の問題があるが，サイクル可能であることが現在までに確認されている。

　実電池への応用に当たり，LiBH₄の比較的高い結晶構造相転移温度が室温付近での応用に当たっての障害になっていた。前川らは，LiBH₄にLiCl, LiBr, LiIなどのハロゲン化物が固溶可能であること，また，特にLiIの固溶によって超イオン伝導相が室温付近まで安定化可能であることを示した[18,23,24]。図14に，LiCl, LiBr, LiIを固溶したLiBH₄のイオン伝導度を示す。115℃付近に観測される構造相転移に伴うイオン電導度の3桁以上もの減少がLiXドープ試料では抑えられ，特に3LiBH₄・LiI試料では室温付近までその伝導度低下が抑えられていることがわかる。このことは，LiIの固溶により構造相転移が低温まで抑えられていることを示している。XRDによる結晶格子の変化を観測すると，LiI固溶により格子定数の増加が見られる。また，高温六方晶のa軸方向の膨張率は，c軸方向より大きいことがわかり，このことは，図13に示すこの結晶特有の構造欠陥を含んだ構造と，それに付随して局所的にとらえると，4個のLi⁺陽イオンによって形成される歪んだ四面体内部に存在するBH₄⁻陰イオンのI⁻イオンへの置換が，その局所的な対称性を変化させていることを示唆すると考えられる。すなわち，BH₄⁻イオンの

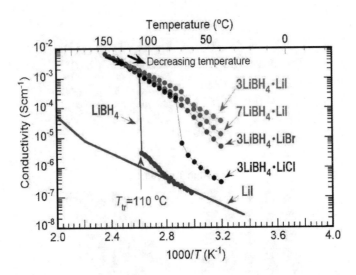

図14　LiX（X＝Cl, Br, I）ドープ LiBH$_4$ におけるリチウムイオン伝導度の温度依存性。降温時の測定結果[18]

Li$^+$ 四面体内部での底面方向への重心位置からの偏奇が I$^-$ イオンへの置換によってより等方的な位置へと変化し，このことが，I$^-$ イオンのイオン半径の増加に伴う格子の膨張を引き起こし，BH$_4^-$ の分子内回転運動に少なからぬ影響を与えた結果，この高温相の低温安定化ならびにその伝導の活性化エネルギーの低下をもたらしたと推測される。

一方，NMR 測定によって，この超イオン伝導相における BH$_4^-$ 陰イオンは，室温付近でおよそ 10 GHz もの高速で分子内回転運動していることが確認された。高温相では，さらにその 2 桁回転速度の上昇があることが測定により明らかになった。これは，Li イオンの並進運動によりもたらされるイオン伝導が，BH$_4^-$ の分子性陰イオンの運動性と明らかに無関係ではないことを示していると考えられる。有名なプロトン伝導体であるオキソ酸塩では，CsHSO$_4$，CsH$_2$PO$_4$ などの結晶で，PO$_4$ あるいは SO$_4^{2-}$ イオンの間を水素結合が網目状につないだ水素結合ネットワークが，SO$_4$ あるいは PO$_4$ イオンの回転運動に伴う，水素結合ネットワークの組み換えによって，再配置し，それによる水素イオン（プロトン）の高速移動が起こるというメカニズムが提案されている[25]。その際，分子性陰イオンの回転運動の運動性とプロトンの並進拡散との間には明らかな相関があり，本研究で見られる BH$_4^-$ アニオンの分子内回転と Li の並進運動性との類似性を想像される。したがって，この特異的な LiBH$_4$ で見られる超イオン伝導特性と分子性イオンの運動性との関係は，今後のイオン伝導体の材料設計のために非常に興味深い示唆を与えていると考えている。

水素化物において，その水素吸蔵特性は，熱力学的因子とともに速度論的因子が非常に重要である。そのため，イオン移動に伴う水素吸放出反応が水素吸放出特性改善のため広範な研究対象

第 3 章　電解質材料

になっており，特に LiBH$_4$ などの錯体系水素化物への TiCl$_3$，ZrCl$_3$ などの遷移金属ハロゲン化物のドープによる水素放出反応の活性化エネルギーの低下と水素放出温度の低下が報告されている。これは，触媒的な水素放出分解反応の促進とともに，本稿で述べた，イオン運動性と密接に関連している可能性があり，この分野におけるイオン電導機能性と水素吸放出機能の相関を系統的に調査することにより，水素吸放出材料の機能向上，ならびにイオン電導材料の新機能開拓の両面から極めて重要な課題であると考えている。また，BH$_4^-$ アニオン，AlH$_4^-$ アニオンなどのボロハイドライド，アラネートなどの金属水素化物と，アミン，イミンなどの窒素水素化物との間に，BH$_3$-NH$_3$ などの複陰イオンの生成が示唆されており，それをターゲットとしたさらに高イオン伝導性を有する材料開拓に現在取り組んでいる。

文　　献

1) Colomban, P. ed., *Proton Conductors*, Cambridge University Press (1992)
2) Wells, A. F. *Structural Inorganic Chemistry*; Clarendon Press: Oxford (1984)
3) Shannon, R.D. and Prewitt, C.T., *Acta Crystallogr.*, **B 25**, 925-946 (1969)
4) Hayashi, K., Matsuishi, S., Kamiya, T., Hirano, M. and Hosono, H., *Nature*, **419**, 462-465 (2002)
5) Wideroe,M., Waser, R. and Norby, T., *Solid State Ionics*, **177**, 1469-1476 (2006)
6) Altorfer,F., Biihrer, W. , Winlder, B., Coddens., G., Essmann, R. and Jacobs, H., *Solid State Ionics*, **70/71**, 272-277 (1994)
7) Andersen, A.F., Maeland, A.J. and Slotfeldt-Ellingsen, D., *J. Solid State Chem.*, **20**, 93-101 (1977)
8) Verbraeken, M.C., Suard, E. and Irvine, J.T.S., *J. Mater. Chem.*, **19**, 2766-2770 (2009)
9) Masdupuy, E. *Ann. Chim.* (*Paris*) **13**, 527 (1957)
10) Alpen, U.v., Rabenau, A., Talat, G.H., *Appl. Phys. Lett.*, **30**, 621-623 (1977)
11) Lapp, T., Skaarup, S., Hooper, A., *Solid State Ionics*, **11**, 97-103 (1983)
12) Schulz, H. and Thiemann, K. H., *Acta Cryst.* **A 35**, 309-314 (1979)
13) Boukamp, B.A. and Huggins, R.A., *Physics Letters*, **72 A**, 464-466 (1979)
14) Ohoyama, K., Nakamori, Y., Orimo, S. and Yamada, K., *J. Phys. Soc. Japan*, **74**, 483-487 (2005)
15) Orimo, S; Nakamori, Y.; Eliseo, J.R.; Zuttel, A.; Jensen, C.M. *Chem. Rev.*, **107** 4111-4132 (2007)
16) M. Matsuo, Y. Nakamori, K. Yamada, and S. Orimo, *Appl. Phys. Lett.* **90**, 232907

(2007)
17) Matsuo, M. Nakamori Y.; Orimo, S.; Maekawa, H.; Takamura, H. *Appl. Phys. Lett.*, **91**, 224103-224105 (2007)
18) Maekawa, H., Matsuo, M., Takamura, H., Ando, M., Noda, Y., Karahashi, T. Orimo, S., *J. Am. Chem. Soc.* **131**, 894-895 (2009)
19) Abragam, A. in *The Princeples of Nuclear Magnetism*, Oxford at the Clarendon Press, pp.300-334 (1961)
20) Pistorius, C. W. F. T., Z., *Phys. Chem. Neue Folge*, **88** S 253 (1974)
21) Takamura H., private communication
22) Soulie, J-Ph., *J. Alloys and Compounds*, **346**, 200-205 (2002)
23) Matsuo, M., Takamura, H., Maekawa, H., Li, H.-W. and Orimo, S., *Appl. Phys. Lett.* **94**, 084103 (2009)
24) Oguchi, H., Matsuo, M., Hummelshoj, J. S., Vegge, T., Norskov, J. K., Sato, T., Miura, Y., Takamura, H., Maekawa, H. and Orimo, S., *Appl. Phys. Lett.* **94**, 141912 (2009)
25) Ishikawa, A., Maekawa, H., Yamamura, T., Kawakita, Y., Shibata, K., Kawai, M., *Solid State Ionics*, **179**, 2345-2349 (2008)

4 硫化物系ガラスセラミック固体電解質

辰巳砂昌弘[*1], 林 晃敏[*2]

4.1 はじめに

　リチウム二次電池の安全性,信頼性の抜本的改善を目的として,従来の有機電解液を固体電解質に置き換えた全固体リチウム二次電池の開発が注目されている。全固体電池を実現するためのキーマテリアルが,高いリチウムイオン伝導性を示す固体電解質である。リチウムイオン伝導性を示す無機固体電解質としては,結晶,ガラス,ガラスを結晶化することによって得られるガラスセラミックス（結晶化ガラス）について研究が行われてきた。

　本稿では,室温で高いリチウムイオン伝導性を示し,全固体電池への応用が有望視されている硫化物系の中でも,ガラスおよびガラスセラミック固体電解質に焦点をしぼる。まずはじめにガラス電解質の特長や合成方法について概説した後,筆者らが開発してきた $Li_2S-P_2S_5$ 系および $Li_2S-P_2S_5-P_2O_5$ 系ガラスセラミック電解質の構造や特性について詳しく述べる。

4.2 硫化物ガラス固体電解質

　これまでにリチウムイオン伝導性を示す様々なガラス材料の報告がなされている。一般的なガラスの合成方法としては,ガラス形成化合物（例えば SiO_2 や P_2S_5 等）と修飾化合物（例えば Li_2O や Li_2S など）の混合物を高温で溶融し,融液を急冷する手法が挙げられる[1]。この手法を用いて高濃度の Li_2O を含む酸化物ガラスや高濃度の Li_2S を含む硫化物ガラスが作製されており,硫化物ガラスは酸化物ガラスに比べて高い導電率を示すことが知られている[2]。例えば Li_2S-SiS_2 系や $Li_2S-P_2S_5$ 系ガラスは,室温において $10^{-4} \sim 10^{-3}\,S\,cm^{-1}$ の高い導電率を示すことが報告されている[3,4]。ガラス電解質においては,伝導キャリアとなるリチウムイオンの電荷補償は,ガラスネットワーク中の酸化物アニオンおよび硫化物アニオンが担う。これらはガラス形成化合物中の金属カチオンと強く結合しているため伝導することがない。よって,ガラス電解質はリチウムイオンのみが伝導に寄与するシングルイオン伝導体であり,固体電解質として大きなメリットを有している。ガラスの導電率を高めるためには,ガラス中のリチウムイオン濃度を増加させることが挙げられる[5]。その一方で,リチウムイオン濃度の高い組成では結晶化が起こりやすいため,ガラスを得るためには融液の急冷速度を大きくする必要がある。

　リチウムイオン伝導性を示す結晶材料も数多く報告されている。ガラスと結晶では,イオン伝導性を高める上での設計指針が大きく異なる。ガラス電解質では,構造を乱すことによってイオ

---

*1　Masahiro Tatsumisago　大阪府立大学　大学院工学研究科　物質・化学系専攻　教授
*2　Akitoshi Hayashi　大阪府立大学　大学院工学研究科　物質・化学系専攻　助教

ンが伝導可能な大きな自由体積を確保することができ，広い組成領域において比較的高い導電率を達成できるという特長がある。一方，結晶電解質では，結晶構造中のイオンや空孔の数，イオン伝導経路のサイズ等を制御することによって，初めて高いイオン伝導性が発現する。よって，非常に限定された組成においてのみ，高いリチウムイオン伝導性を示す結晶電解質を得ることができる。硫化物系結晶としては，Li_4GeS_4-Li_3PS_4 系固溶体をはじめとする一連の thio-LISICON (Lithium Super Ionic Conductor) 結晶群が開発され，これらが室温で 10^{-3} S cm^{-1} 以上の高い導電率を示すことが報告された[6]。詳細については，本書の第1編第3章5節を参照されたい。

また硫化物ガラスは，機械的エネルギーで反応を進行させるメカノケミカル法によっても作製可能である。メカノケミカル法の合成上の特徴として，基本的に室温で反応が進行するため，一般的に高温で蒸気圧の高い硫化物系が容易に取り扱えること，全固体電池へ直接応用可能な微粒子状のガラスが得られるという利点がある。メカノケミカル法では，出発結晶粉末をアルミナやジルコニアなどのセラミック製のポットにボールと共に投入し，遊星型ボールミル装置を用いてミリング処理を施すことによって粉末状のガラスが作製できる。筆者らは，メカノケミカル法を用いて作製した Li_2S-SiS_2 系ガラスの粉末成形体が，溶融急冷法で作製した同じ組成のガラスの粉末成形体とほぼ同じ導電率を示すことを明らかにしている[7]。

図1には，2つの手法で作製した 70 Li_2S・30 P_2S_5 (mol%) ガラスのラマンスペクトルを示す[8]。溶融急冷法では，Li_2S および P_2S_5 の結晶粉末の混合物を，内壁をカーボンコートしたシリカアンプルに封入し，750 ℃で10時間溶融させた後に氷水で急冷することによってガラスを作製した。一方，メカノケミカル法では，出発原料粉末をアルミナボールと共にアルミナポットに入れ，Ar 雰囲気下，室温で20時間のミリング処理を行うことによってガラスを得た。ガラスの

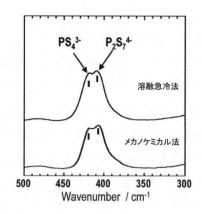

図1 溶融急冷法およびメカノケミカル法によって作製した 70 Li_2S・30 P_2S_5 (mol%) ガラスのラマンスペクトル

第3章　電解質材料

ラマンスペクトルは，ガラスの作製手法にかかわらずほぼ一致することがわかった。420 cm^{-1} および 410 cm^{-1} 付近のピークは，それぞれ PS_4^{3-} および $P_2S_7^{4-}$ アニオンに帰属される[9]。よって，どちらのガラスもこれら 2 種類のアニオンによって構成されており，局所構造が類似していることが明らかになった。

4.3　Li_2S-P_2S_5 系ガラスセラミック固体電解質

　ガラスを結晶化することによって作製されるガラスセラミックスについても，固体電解質としての応用が検討されている。ガラスから比較的低温で高リチウムイオン伝導性の結晶を析出させることによって，より緻密な電解質が作製できるというメリットがある。これまでに，固相反応で合成可能な高イオン伝導性結晶をガラスから析出させる研究が報告されている[10,11]。一方，ガラスの結晶化プロセスを制御することによって，高温安定相や準安定相が初晶として析出することがある。ガラスは過冷却液体が凍結されたものなので，ガラスを加熱すると液体により近い構造を持つ高温安定相や準安定相が生成しやすいと考えられている。これらガラスから析出する準安定相は，液体中のイオン伝導を反映して超イオン伝導性を示す可能性が高い。筆者らは，Li_2S-P_2S_5 系ガラスを結晶化することによって導電率が増加することを見出し，得られたガラスセラミックスが室温で 10^{-3} S cm^{-1} 以上の極めて高い導電率を示すことを報告した[12～14]。ガラスからは通常の固相反応では得ることができない結晶が析出しており，この結晶の存在がガラスセラミックスの高い導電率をもたらしている。

　ガラスセラミックス化による導電率増大の典型例を図 2 に示す。この図には 70 Li_2S・30 P_2S_5（mol %）組成のガラス，ガラスセラミックス，固相反応法により作製した結晶の粉末成形体の導電率の温度依存性を示している。ガラスは室温で 5.4×10^{-5} S cm^{-1} の導電率を示すのに対し

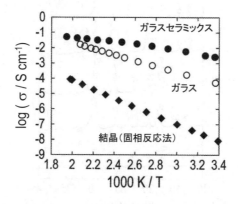

図 2　70 Li_2S・30 P_2S_5（mol %）組成のガラス，ガラスセラミックス，固相反応法により作製した結晶の粉末成形体の導電率温度依存性

て，ガラスの結晶化条件を制御して作製したガラスセラミックスの導電率は約60倍大きな 3.2×10^{-3} S cm^{-1} を示した。これは，同じ組成から固相法で作製した結晶と比較して5桁以上も高い値である。またガラスセラミックスの伝導の活性化エネルギーは，これまでに報告されているリチウムイオン伝導体の中で最も小さな 12 kJ mol^{-1} となり，低温領域においても作動可能な全固体電池の電解質として有望である。ガラスセラミックスの導電率は析出結晶相に大きく依存することから，以下では，ガラスの組成や結晶化条件が析出結晶相や導電率に及ぼす影響について詳しく述べる。

まずガラス組成と析出結晶相の関係について述べる。図3には，xLi$_2$S・$(100-x)$ P$_2$S$_5$ (mol%) ガラスセラミックスのX線回折パターンを示す。ガラスセラミックスは，ガラスを第一結晶化温度付近の 200〜300 ℃の範囲で結晶化させることで作製した。Li$_2$S 含量が 67 mol% の組成では，この組成における熱力学的安定相の Li$_4$P$_2$S$_6$ 結晶が主に析出した。また Li$_2$S 含量が 75 mol% 以上の組成においては，Li$_4$GeS$_4$-Li$_3$PS$_4$ 系 thio-LISICON 結晶[6]と同じ回折パターンが観測された。より詳細には，Li$_2$S 含量が 75 mol% の組成では region III 相 (Li$_{3.2}$Ge$_{0.2}$P$_{0.8}$S$_4$)，80 mol% 以上の組成においては region II 相 (Li$_{3.25}$Ge$_{0.25}$P$_{0.75}$S$_4$) と Li$_2$S のパターンが確認された。Geを含まない Li$_2$S-P$_2$S$_5$ 二成分系において，これらの相は固相反応では生成しないことが報告されている[15]。よってガラスからはこれらの相の類似結晶が準安定相として生成したと考えられる。region III 相および region II 相の類似結晶としてはP部位に欠陥が存在すると仮定して，Li$_2$S 含量が 75 mol% の組成では Li$_{3.2}$P$_{0.96}$S$_4$，80 mol% 以上の組成においては Li$_{3.25}$P$_{0.95}$S$_4$ が析出

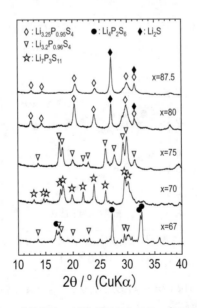

図3　xLi$_2$S・$(100-x)$ P$_2$S$_5$ (mol%) ガラスセラミックスのX線回折パターン

第3章 電解質材料

したと推定した。また Li_2S 含量が 70 mol ％の組成では，$Li_7P_3S_{11}$ 結晶が析出することがわかった。

　$Li_7P_3S_{11}$ 結晶はこれまでに報告例がなく，ガラスの結晶化によって初めて見出された結晶である。筆者らは放射光を用いた X 線回折測定により，$Li_7P_3S_{11}$ の結晶構造を調べた。図4にはリートベルト解析により決定された $Li_7P_3S_{11}$ 結晶の構造モデルを示す[16]。この結晶は三斜晶系（空間群 P-1）に分類され，構造中には $P_2S_7^{4-}$ と PS_4^{3-} が1：1の割合で存在しており，銀イオン伝導体である $Ag_7P_3S_{11}$ 結晶（単斜晶系，空間群 C 2/c）[17]と類似の構造を持つことがわかった。$Li_{3.25}Ge_{0.25}P_{0.75}S_4$ をはじめとする一連の thio-LISICON 結晶の骨格は PS_4^{3-} や GeS_4^{4-} などの架橋硫黄を持たない孤立アニオンのみから構成されているのに対し，$Li_7P_3S_{11}$ 結晶中には2つの PS_4 四面体が1つの架橋硫黄で繋がれた $P_2S_7^{4-}$ ダイマーアニオンが含まれており，両者の構造は大きく異なっている。

　表1には Li_2S-P_2S_5 系ガラスおよびガラスセラミックスの室温における導電率とガラスからの析出結晶相をまとめて示す[14]。ガラスの導電率はリチウム含量の増加に伴って大きくなる傾向があり，Li_2S 含量が 80 mol ％付近で最大の 2.1×10^{-4} S cm^{-1} を示す。一方，ガラスセラミックスの導電率は，Li_2S 含量が 70 mol ％以上の組成においてガラスよりも高くなり，3.2×10^{-4} 〜

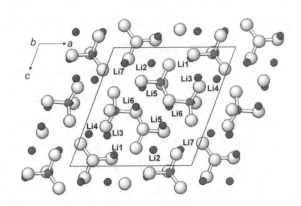

図4　$Li_7P_3S_{11}$ 結晶の構造モデル

表1　Li_2S-P_2S_5 系ガラスおよびガラスセラミックスの室温導電率と析出結晶相

Li_2S 含量 (mol%)	ガラスの室温導電率 (S cm^{-1})	ガラスセラミックスの室温導電率 (S cm^{-1})	析出結晶相
67	3.4×10^{-5}	7.6×10^{-6}	$Li_4P_2S_6$
70	5.4×10^{-5}	3.2×10^{-3}	$Li_7P_3S_{11}$
75	1.1×10^{-4}	3.2×10^{-4}	$Li_{3.2}P_{0.96}S_4$
80	2.1×10^{-4}	1.3×10^{-3}	$Li_{3.25}P_{0.95}S_4$

3.2×10^{-3} S cm^{-1} の値を示すことがわかる。Li$_2$S 含量 67 mol % の組成において導電率が低下した原因は，低い導電率の Li$_4$P$_2$S$_6$ 結晶が析出したためである。これに対して，Li$_2$S 含量が 70 mol % 以上の組成においては，ガラスセラミックスの導電率はガラスのそれに比べて大きくなり，特に Li$_2$S 含量 70 mol % と 80 mol % の組成のガラスセラミックスは，10^{-3} S cm^{-1} 以上の高い室温導電率を示すことがわかった。Li$_7$P$_3$S$_{11}$ および Li$_{3.25}$P$_{0.95}$S$_4$ 結晶中におけるリチウムイオンの伝導メカニズムについては明らかにされていないが，ガラスの組成を選択してこれらの結晶を析出させることが，高い導電率を示すガラスセラミックスを得る上で重要である。

次に，最も高い導電率を示した 70 Li$_2$S・30 P$_2$S$_5$ (mol %) 組成について詳しく述べる。70 Li$_2$S・30 P$_2$S$_5$ (mol %) ガラスの熱分析の結果，210 ℃付近にガラス転移に伴う吸熱変化が観測され，240 ℃付近には結晶化による大きな発熱ピークが見られた。さらに 550 ℃までの温度領域において，いくつかの発熱ピークが観測され，多段階の結晶化が生じていることがわかった。

表 2 には，様々な温度で結晶化させた 70 Li$_2$S・30 P$_2$S$_5$ ガラスセラミックスの析出結晶相，室温導電率および伝導の活性化エネルギーを示す[14]。比較として，固相反応を用いて作製した結晶のデータについても合わせて示す。240 ℃で熱処理することによって Li$_7$P$_3$S$_{11}$ 結晶が初晶として析出した。この相は 360 ℃までは存在しており，さらに高温の 550 ℃で熱処理すると消失して，同組成の固相反応で得られる Li$_4$P$_2$S$_6$ 結晶が主に析出することがわかった。この熱処理温度に伴う結晶相の変化は，溶融急冷法によって得られた同組成のガラスにおいても同様に観測された[18]。また融液を液相温度付近（700 ℃）で等温保持して結晶化させることによっても，Li$_7$P$_3$S$_{11}$ 結晶を析出することがごく最近明らかとなり，この結晶相は高温相であると推察される[19]。

導電率について比較してみると，ガラスから Li$_7$P$_3$S$_{11}$ 結晶が初晶として析出することによって，ガラスに比べて室温導電率は増加し，伝導の活性化エネルギーは減少した。熱処理温度 360 ℃においては，Li$_7$P$_3$S$_{11}$ の結晶性が高くなるのに伴って，ガラスセラミックスは最大の室温導電率 3.2×10^{-3} S cm^{-1} と最小の活性化エネルギー 12 kJ mol^{-1} を示した。一方，熱処理温度 550 ℃において Li$_7$P$_3$S$_{11}$ が消失すると導電率は減少，活性化エネルギーは増加することがわかった。

表 2 様々な温度で結晶化させた 70 Li$_2$S・30 P$_2$S$_5$ (mol %) ガラスセラミックスの析出結晶相，室温導電率および伝導の活性化エネルギー

熱処理温度 (℃)	析出結晶相	室温導電率 (S cm^{-1})	伝導の活性化エネルギー (kJ mol^{-1})
—	ガラス	5.4×10^{-5}	38
240	Li$_7$P$_3$S$_{11}$	2.2×10^{-3}	18
360	Li$_7$P$_3$S$_{11}$	3.2×10^{-3}	12
550	Li$_4$P$_2$S$_6$, Li$_{3.2}$P$_{0.96}$S$_4$	1.1×10^{-6}	50
固相反応法	Li$_4$P$_2$S$_6$, Li$_3$PS$_4$	1.0×10^{-8}	55

第3章　電解質材料

以上の結果から，高い導電率を示すガラスセラミックスを作製するためには，ガラスの組成と熱処理条件の選択が極めて重要である。

4.4　Li$_2$S-P$_2$S$_5$-P$_2$O$_5$系ガラスセラミック固体電解質

ガラス電解質の導電率を向上させる方法として，"混合アニオン効果"が有効であることが報告されている。これは，ガラス中のリチウムイオン濃度が同じであっても，2種類以上のアニオン種をガラス中に存在させることによって導電率が増加する現象である。導電率増大の要因については未だ明らかにされていないが，様々な酸化物系や硫化物系ガラス電解質においてアニオン混合による導電率の増加が確認されている[4,20,21]。またガラスの多成分化は，その導電率だけでなく結晶化過程にも影響をおよぼす。一般的に結晶電解質については，元素置換による欠陥や格子間リチウムイオンの導入によって導電率向上が検討されている。そこで筆者らは，Li$_2$S-P$_2$S$_5$系ガラスを多成分化することによって，ガラスから析出してくる高イオン伝導性結晶の元素置換を検討してきた。ここでは，P$_2$S$_5$の一部をP$_2$O$_5$で置換することによって，Li$_7$P$_3$S$_{11}$結晶中の硫黄の一部を酸素に置換した例[22,23]について紹介する。

Li$_2$S-P$_2$S$_5$系において最も高い導電率を示す70 Li$_2$S・30 P$_2$S$_5$ (mol%) 組成のP$_2$S$_5$の一部をP$_2$O$_5$に置換したオキシスルフィド系70 Li$_2$S・(30－y) P$_2$S$_5$・yP$_2$O$_5$ガラスを，溶融急冷法を用いて作製した。第一結晶化温度（約280 ℃）で結晶化させることによってガラスセラミックスを得た。図5には，70 Li$_2$S・(30－y) P$_2$S$_5$・yP$_2$O$_5$ガラスセラミックス (y = 0, 6) の21 ≦ 2θ ≦

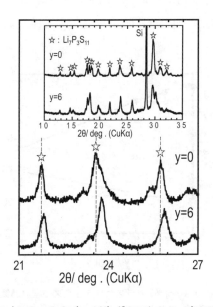

図5　70 Li$_2$S・(30－y)P$_2$S$_5$・yP$_2$O$_5$ (mol%) ガラスセラミックスのX線回折パターン

27の範囲におけるX線回折パターンを示す[22]。挿入図は$10 \leq 2\theta \leq 35$の広範囲におけるパターンである。P_2O_5を含まない組成では$Li_7P_3S_{11}$結晶に帰属できるピークが観測された。一方，P_2O_5を6 mol%置換した組成においては，高角度側へのピークシフトが確認された。この結果は，P_2S_5の一部をP_2O_5に置換することによって$Li_7P_3S_{11}$の結晶格子が収縮したことを示しており，$Li_7P_3S_{11}$結晶中に酸素が導入されたことが示唆される。

図6には，$70Li_2S\cdot(30-y)P_2S_5\cdot yP_2O_5$ガラスセラミックスの室温導電率（$\sigma_{25}$）および伝導の活性化エネルギー（$E_a$）の組成依存性を示す[23]。$P_2O_5$を3 mol%置換した組成において室温導電率は最大値3.0×10^{-3} S cm^{-1}を示し，伝導の活性化エネルギーは最小値16 kJ mol^{-1}を示した。さらにP_2O_5の置換量を増加すると導電率は減少し，活性化エネルギーは増加した。$70Li_2S\cdot30P_2O_5$（y = 30）ガラスセラミックスの導電率は1.8×10^{-6} S cm^{-1}，活性化エネルギーは39 kJ mol^{-1}となり，これはガラスセラミックス中に導電率の低いLi_3PO_4や$Li_4P_2O_7$結晶が析出したためと考えられる。

図7には，$70Li_2S\cdot(30-y)P_2S_5\cdot yP_2O_5$ガラスセラミックス（y = 0, 3）のサイクリックボルタモグラムを示す[23]。図中に示す二極式全固体セル（作用極：ステンレス鋼，対極兼参照極：金属リチウム）に対して，$-0.1\sim10$ Vの電位範囲において掃引速度1 mV s^{-1}で測定を行った。挿入図は$1\sim5$ Vの電位範囲の電流値を拡大したものである。どちらのガラスセラミックスについても，$-0.1\sim0.3$ Vの範囲においてリチウムの析出・溶解に伴う還元・酸化電流が観測され，その後酸化側10 Vまで電位を掃引しても大きな酸化電流が観測されないことがわかった。よってこれらガラスセラミックスは，基本的には金属リチウムに対して電気化学的に安定であり，かつ広い電位窓を有していることがわかった。しかしながら挿入図に示されるように，$70Li_2S\cdot$

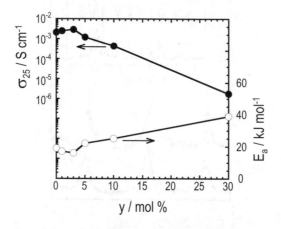

図6　$70Li_2S\cdot(30-y)P_2S_5\cdot yP_2O_5$（mol%）ガラスセラミックスの室温導電率（$\sigma_{25}$）および伝導の活性化エネルギー（$E_a$）の組成依存性

第3章　電解質材料

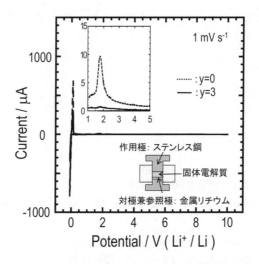

図7　70Li$_2$S・(30-y)P$_2$S$_5$・yP$_2$O$_5$(mol%)ガラスセラミックスを電解質に用いた二極式全固体セルのサイクリックボルタモグラム

30P$_2$S$_5$ガラスセラミックスでは約10μAの微小な酸化電流が約2V付近に観測されている。一方，P$_2$O$_5$を3mol%置換したガラスセラミックスではこの酸化電流が観測されておらず，P$_2$O$_5$の置換が電気化学的安定性の向上に効果的であることがわかった。

ガラスセラミックスの^{31}P MAS-NMRスペクトルから，P$_2$O$_5$置換によってリンに硫黄と酸素の両方が配位したPO$_n$S$_{4-n}$(n=1～3)構造単位が生成することが明らかになっている[22]。Li$_7$P$_3$S$_{11}$結晶中の酸素の電子状態については明らかになっていないが，おそらくLi$_7$P$_3$S$_{11}$結晶を構成しているP$_2$S$_7^{4-}$アニオン中の架橋硫黄が架橋酸素に置換されたP$_2$OS$_6^{4-}$アニオンが形成され，それがガラスセラミックスの導電率と電気化学的安定性を向上させたと考えられる。

4.5　おわりに

硫化物系ガラスセラミック固体電解質の特性や構造について，筆者らの研究を中心に概説した。ガラスはそれ自身がイオン伝導性を有するだけでなく，通常の固相法では得ることが困難な高温相や準安定相を析出させるための前駆体としても有望である。ガラスセラミックスの物性は，ガラスから析出した結晶相やその析出形態に大きく影響される。多成分化を含めた母ガラスの組成選択，ガラス熱処理時の核生成過程と結晶成長過程を厳密に制御することによって，ガラスから析出する高イオン伝導性結晶のサイズや結晶性を最適化することが重要である。Li$_2$S-P$_2$S$_5$系において高い導電率を示すガラスセラミックスを得るためには，Li$_7$P$_3$S$_{11}$結晶やLi$_{3.25}$P$_{0.95}$S$_4$結晶の析出がキーポイントとなる。またP$_2$S$_5$のP$_2$O$_5$による置換が，ガラスセラミックスの導電率と電気化学的安定性の向上に効果のあることが明らかとなった。今後，これら結晶相のリチウムイ

オンや空孔の量，析出形態をコントロールすることによって，より一層のガラスセラミック電解質の特性向上が期待される。

文　献

1) 南　努, ガラスへの誘い, 産業図書 (1993)
2) M. Tatsumisago *et al.*, "Solid State Ionics for Batteries", Springer-Verlag, Tokyo, p. 32 (2005)
3) R. Mercier *et al.*, *Solid State Ionics*, **5**, 663 (1981)
4) A. Pradel *et al.*, *Mater. Chem. Phys.*, **23**, 121 (1989)
5) M. Tatsumisago *et al.*, *J. Am. Ceram. Soc.*, **64**, C-97 (1981)
6) R. Kanno *et al.*, *J. Electrochem. Soc.*, **148**, A 742 (2001)
7) H. Morimoto *et al.*, *J. Am. Ceram. Soc.*, **82**, 1352 (1999)
8) K. Minami *et al.*, *Solid State Ionics*, **178**, 837 (2007)
9) M. Tachez *et al.*, *Solid State Ionics*, **14**, 181 (1984)
10) J. Fu, *Solid State Ionics*, **96**, 195 (1997)
11) X. Xu *et al.*, *J. Am. Ceram. Soc.*, **90**, 2802 (2007)
12) A. Hayashi *et al.*, *Electrochem. Commun.*, **5**, 111 (2003)
13) F. Mizuno *et al.*, *Adv. Mater.*, **17**, 918 (2005)
14) F. Mizuno *et al.*, *Solid State Ionics*, **177**, 2721 (2006)
15) M. Murayama *et al.*, *Solid State Ionics*, **170**, 173 (2004)
16) H. Yamane *et al.*, *Solid State Ionics*, **178**, 1163 (2007)
17) C. Brinkmann *et al.*, *Solid State Sci*, **6**, 1077 (2004)
18) A. Hayashi *et al.*, *J. Mater. Sci.*, **43**, 1885 (2008)
19) 南　圭一ほか, 第33回固体イオニクス討論会講演要旨集, p.134 (2007)
20) M. Tatsumisago *et al.*, *Mater. Chem. Phys.*, **18**, 1 (1987)
21) Y. Kim *et al.*, *J. Phys. Chem. B*, **110**, 16318 (2006)
22) K. Minami *et al.*, *J. Non-Cryst. Solids*, **354**, 370 (2008)
23) K. Minami *et al.*, *Solid State Ionics*, **179**, 1282 (2008)

5　チオリシコン固体電解質

菅野了次[*]

5.1　はじめに

　固体中を高速でリチウムイオンが拡散する物質を固体電解質とよぶ。その固体電解質のなかで，イオン導電率の値が 10^{-3} Scm^{-1} を超え[1〜3]，化学的・電気化学的安定性にも優れる物質の探索が進んでいる。固体電解質には，結晶質，ガラス（非晶質），高分子などの様々な物質系が知られており，それぞれの分野で高い導電率と電気化学的な安定性を目指した物質の開発が行われている。その物質設計の指針も対象とする系によって異なっている。さらにこのような固体電解質を利用した全固体電池の開発も進んでいる。本節では，固体電解質の中でも無機の結晶性固体電解質に分類されるチオリシコンについて述べる。

5.2　リチウムイオン導電体

　リチウムイオン導電体には，高分子，ガラス，結晶質，不均一系（コンポジット）などの形態がある。特にガラス系では，硫化物-ハロゲン化物系（SiS_2-Li_2S-LiX（X = Br, I））が高いイオン導電性（1.8×10^{-3} Scm^{-1}）を示す[4]。また硫化物ガラス（LiS_2-SiS_2-Li_3PO_4）も高い導電率 6.9×10^{-4} Scm^{-1} と高い分解電圧 5 V を持つことが知られている[5,6]。このように，リチウムイオン導電体ではガラス系が結晶性物質より高い導電性を示すが，他のイオン導電種では結晶性物質のイオン導電性がガラスのそれを大きく上回り，結晶系銀イオン導電体 $RbAg_4I_5$ のイオン導電率は，ガラスの AgI-Ag_2MoO_4 より高い値を示す[7〜9]。構造に乱れを生じさせてイオン導電性を上げようとするか，イオン導電に最適な整った構造を構築して高イオン導電を達成しようとするかの物質創製における戦略の違いであるが，結晶系物質では物質探索が遅れていた。結晶性イオン導電体の物質探索指針は[10]，①構造中にイオン拡散が可能な導電経路を持つこと（骨格，層状，トンネル構造），②イオン導電種から形成される副格子に乱れが生じていること（平均構造），③イオン導電種，もしくは格子を形成するイオンの分極率が大きいこと，④イオン導電に適切なボトルネックの大きさを持つこと，⑤電気化学的な安定性に優れること（広い電位窓），⑥化学的な安定性に優れること（取り扱いの容易さ），などが求められる。リチウムを含み，格子を形成する陰イオンとして，イオン半径が大きく分極率が大きい硫黄系，イオンが結晶構造内を拡散しやすい3次元骨格構造の形成に Si と Ge を陽イオンとして用い，格子欠陥や格子間イオンを導入するために周期表で Si や Ge の隣の元素を導入するなどの戦略が導かれる。また，遷移金属イオンは酸化還元を引き起こし，周期表の下の元素（Se, Sb など）は電子伝導を引き起

---

[*]　Ryoji Kanno　東京工業大学　大学院総合理工学研究科　教授

こす[1~3,11~14]。このような探索の指針に基づいて発見された硫化物を，接頭語「チオ（thio）」をつけて「チオリシコン」（LISICON：LIthium Super Ionic CONductor, $Li_{14}Zn(GeO_4)_4$[15]）とよぶ。

5.3 チオリシコン

物質群を表1に示す。基本化合物は Li_4SiS_4, Li_4GeS_4, Li_3PS_4, Li_5AlS_4, Li_5GaS_4 などである。この物質群では，酸化物に対応する構造と固溶機構を持つ（図1）。価数の異なった元素の

表1 thio-LISICON 物質群

系	化合物	導電率 ($\sigma_{25℃}$/Scm^{-1})
$Li_2S\text{-}GeS_2$	Li_4GeS_4	2.0×10^{-7}
$Li_2S\text{-}GeS_2\text{-}Ga_2S_3$	$Li_{4+x}Ge_{1-x}Ga_xS_4$	6.5×10^{-5}
$Li_2S\text{-}GeS_2\text{-}P_2S_5$	$Li_{4-x}Ge_{1-x}P_xS_4$	2.2×10^{-3}
$Li_2S\text{-}SiS_2$	Li_4SiS_4	5×10^{-8}
$Li_2S\text{-}P_2S_5$	Li_3PS_4	3×10^{-7}
$Li_2S\text{-}P_2S_5$	$Li_{3+5x}P_{1-x}S_4$	1.5×10^{-4}
$Li_2S\text{-}SiS_2\text{-}P_2S_5$	$Li_{4-x}Si_{1-x}P_xS_4$	6.4×10^{-4}

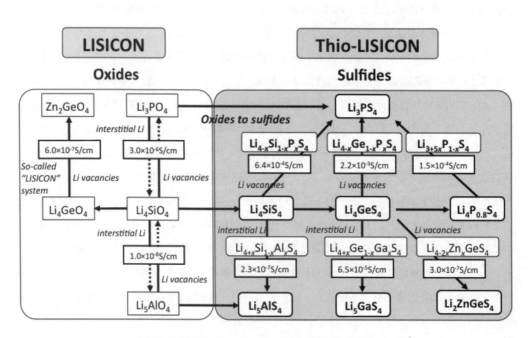

図1 LISICON と thio-LISICON の物質ダイアグラム

第3章 電解質材料

間の固溶体が高いイオン導電を示し，硫化物は酸化物に比べ高いイオン導電率を示す。イオン導電率は固溶体の中間組成で最大値を示している。

チオリシコンの構造を図2に示す。硫化物イオンの六方最密充填で形成され，6配位八面体位

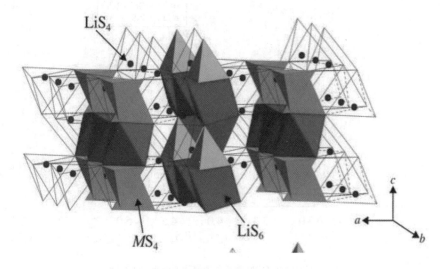

図2　Thio-LISICON の結晶構造

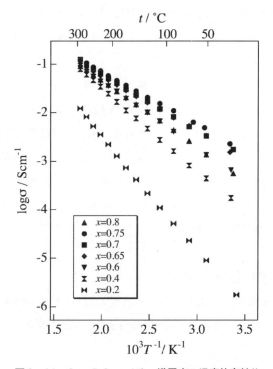

図3　$Li_{4-x}Ge_{1-x}P_xS_4$ のイオン導電率の温度依存性[1]

次世代型二次電池材料の開発

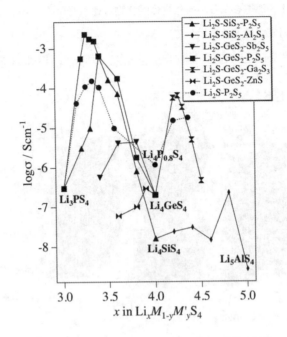

図4　Thio-LISICON物質群の導電率の組成依存性[1]

置と4配位四面体位置にLiが，4配位四面体位置にMイオンが存在する。リチウムの形成する6配位八面体は稜を共有して1次元的につながり，その八面体鎖の上下にリチウムとMイオンの4配位四面体が位置する。

代表的な物質である$Li_{4-x}Ge_{1-x}P_xS_4$は，Li_2S，GeS_2，P_2S_5を石英ガラスに真空封入して600℃で加熱すると得られる。$Li_{4-x}Ge_{1-x}P_xS_4$では，超格子反射により3つの領域Ⅰ（$0 < x < 0.6$），Ⅱ（$0.6 < x < 0.8$），Ⅲ（$0.8 < x < 1.0$）に分かれる。イオン導電率の温度依存性を図3に，組成依存性を一連の物質について図4に示す。xの増加に伴ってイオン導電率は増加し，$x = 0.75$で最大の値2.2×10^{-3} Scm^{-1}を示す。導電率の最高値と対応して活性化エネルギーも最小値となる。電子伝導率は低く純粋なイオン導電体である。アルゴン気流中で合成した試料はさらに高いイオン導電率（3×10^{-3} Scm^{-1}）を示す[16]。

5.4　チオリシコンの全固体電池への展開

リチウム電池の容量増加や，高電流の達成，大型化に際しての安全性確保など課題の解決のため，安全性が確保できる究極の電池である全固体電池は，電池を開発する研究者にとっての夢である。

チオリシコンを固体電解質に，正極にシュブレル（Mo_6S_8），負極にリチウムアルミ合金を用

第3章　電解質材料

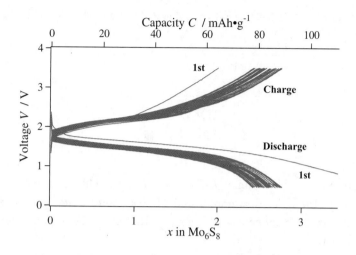

図5　Mo$_6$S$_8$/SE/Al-Li セルの充放電特性[17]
電流密度：1.28 mAcm^{-2}，Cレート：1.3 C。

いた2V級電池（構成：（正極）Mo$_6$S$_8$／（電解質）Li$_{3.25}$Ge$_{0.25}$P$_{0.75}$S$_4$／（負極）LiAl）は，1.3 Cレートでの高い充放電電流で作動が可能である（図5）[17]。銅シュブレルは高い電子伝導率と速いイオン拡散，優れた充放電可逆性を持つ正極であり，その特徴が固体電池でも現れている。固体電池でも大電流が可能であり溶液系に匹敵する電池の開発が可能であることを示している。

全固体電池における課題は電極・電解質界面での接合である。イオン移動と電子伝導を満足させるような界面を形成することが必要になる。機械的混合によって接触界面を最大にする，自己組織化による接合によって自発的に界面を構築する，空間電荷層の形成を抑えるために電極表面のコートを行うなどが試みられている。電極と電解質の界面が反応によって自発的に形成されると，電極作成時に圧力を印加することなく緻密な界面が形成できる。LiAl負極は自己組織化によって接合界面を構築でき，高い充放電レートにおける特性に寄与している[17,18]。さらに固体電池においても電極と電解質界面でSEI層が存在し，充放電挙動に関与すると考えられている。

一方，高容量化を目指し硫黄を正極に用いる研究も行われている。硫黄は理論容量1,672 mAh/gを有するが，溶液系で充放電すると多硫化物が溶出してサイクル劣化を示す。また，絶縁材料であるため容量を出現させることが難しい。全固体系では，溶出を抑制できサイクル特性を改善できる。銅やカーボンなどと複合化すると，高い容量を出現させることができる[19]。

5.5　今後の課題

チオリシコン物質群に関しては，結晶構造の解明や，さらなる物質探索が望まれる。全固体リチウム電池の特性は，従来の全固体電池の特性を超え，液系電池の特性に匹敵する。しかし固体

電池が世に受け入れられるためには，固体としてのメリットが主張できなければ難しい。今後の展開を期待したい。

文　　献

1) R. Kanno, and M. Murayama, *J. Electrochem. Soc.*, **148**, A 742 (2001)
2) R. Kanno, T. Hata, Y. Kawamoto, and M. Irie, *Solid State Ionics*, **130**, 97 (2000)
3) M. Murayama, N. Sonoyama, A. Yamada, R. Kanno, *Solid State Ionics*, **170** (3-4), 173-180 (2004)
4) J. H. Kennedy, and Y. Yang, *J. Solid State Chem.*, **69**, 252 (1987)
5) S. Kondo, K. Takada, and Y. Yamamura, *Solid State Ionics*, **53-56**, 1183 (1992)
6) 高田和典，近藤繁雄，*Denki Kagaku*, **65** (11), 914 (1997)
7) J. N. Bradley, and P. D. Greene, *Trans. Faraday Soc.*, **62**, 2069 (1966)
8) B. B. Owens, and G. R. Argue, *Science*, **157**, 308 (1967)
9) 工藤徹一，笛木和雄，固体アイオニクス，講談社サイエンティフィク (1986)
10) A. R. West, ウエスト固体化学入門，講談社サイエンティフィク, p. 262 (1996)
11) M. Murayama, R. Kanno, M. Irie, S. Ito, T. Hata, N. Sonoyama, and Y. Kawamoto, *J. Solid State Chem.*, **168**, 140 (2002)
12) M. Murayama, R. Kanno, Y. Kawamoto, and T. Kamiyama, *Solid State Ionics*, **154-155**, 789 (2002)
13) R. Kanno, M. Murayama, and K. Sakamoto, Soid State Ionics: Trends in the new Millennium, pp. 13, Edited by B. V. R. Chowdari et al. 2002 World Scientific Publishing Co.
14) R. Kanno, M. Irie, T. Hata, and Y. Kawamoto, Extended Abstracts, SSI-12, Greece, June 6-12, p. 437 (1999)
15) H. Y-P. Hong, *Mater. Res. Bull.* **13**, 117 (1978)
16) T. Matsumura, K. Nakanoa, R. Kanno, A. Hirano, N. Imanishi, Y. Takeda, *J. Power Sources*, **174**, 632-636 (2007)
17) R. Kanno, M. Murayama, T. Inada, T. Kobayashi, K. Sakamoto, N. Sonoyama, A. Yamada, and S. Kondo, *Electrochem. Solid State Lett.* **7**, A 455 (2004)
18) T. Kobayashi, A. Yamada, and R. Kanno, *Electrochimica Acta*, **53**, (15), 5045-5050 (2008)
19) T. Kobayashi, Y. Imade, D. Shishihara, K. Homma, M. Nagao, R. Watanabeb, T. Yokoi, A. Yamada, R. Kanno, T. Tatsumi, *J. Power Sources*, **182**, 621 (2008)

6 多孔体セラミックス固体電解質

金村聖志[*]

6.1 全固体電池の作製

通常のリチウムイオン電池では液体状の電解質が用いられているが,この電解液を固体に代えた電池,全固体電池の開発が行われている[1]。特に,セラミックス固体電解質を用いた電池の開発は,究極の安全性と究極のエネルギー密度を得る上で興味深い。これまでのリチウムイオン電池と同様の構造を有する全固体電池の構造を図1に示す。正極層と負極層の間に固体電解質薄膜が存在する構造となっている。固体電解質層は緻密な層であり,正極と負極を仕切る役目を担っている。電極層は活物質と固体電解質の混合体となっている。活物質内部のLi^+イオンの移動が速ければ,電極層に固体電解質は必要ないが,活物質内でのLi^+イオンの移動速度は大きくなく,ゆっくりと電池を充放電する場合には十分な容量を得ることができるが,速い充放電を行うと,活物質の一部分のみが利用されることになる。したがって,これまでに用いられている活物質材料を使用する限り,電極層は固体電解質と活物質の混合体でなければならない。例えば,図2に示すような構造を有することが望まれる。活物質層と固体電解質層が3次元的に混合された状況にあり,かつ活物質同士と固体電解質同士が焼結されて独立して存在し,かつ界面を形成しなが

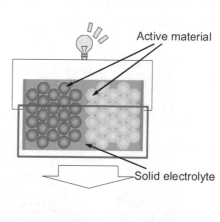

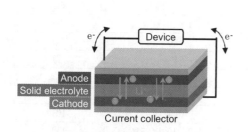

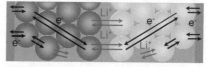

図1 リチウムイオン電池と類似構造を有する全固体型リチウム電池

図2 全固体型リチウム電池用電極に求められる3次元構造

* Kiyoshi Kanamura 首都大学東京 大学院都市環境科学研究科 分子応用化学域 教授

ら接触していなければならない。このような構造を作製する方法として多孔質な固体電解質の利用が考えられる。

6.2 多孔体の作製

活物質粉末と固体電解質粉末を混合して熱処理を行うと，活物質同士，固体電解質同士が選択的に焼結される可能性がある。このような場合には，適切な粒子径を活物質と固体電解質に付与することで上記のような電極層を形成することができる。しかし，一般的にはこのような現象は起こりにくいため簡単に電極層を形成することはできない。そこで，別の考え方として，固体電解質あるいは活物質を図3に示すような構造で作製し，その後に活物質あるいは固体電解質を多孔層内部に形成する方法が考えられる。図3の構造では，活物質が75％，固体電解質が25％程度になるように設計されている[2]。

固体電解質に関する研究の結果，表1に示すような多くの固体電解質が提案されてきた。全固体リチウムイオン電池を現在市販されているリチウムイオン電池にならって構成するためには，電解質の伝導度としては10^{-4} S cm^{-1}以上が必要である。イオン伝導度が大きくなれば，より厚い電極を構成することができ，結果的にエネルギー密度を改善することができる。したがって，セラミックス固体電解質において十分なLi$^+$イオン伝導性が必要となる。少なくとも，表1に示したような電解質を用いる必要がある。

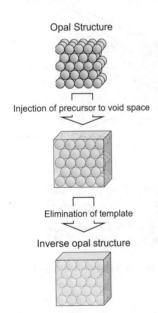

図3　3次元規則配列多孔体の一般構造

表1　リチウムイオン伝導性を有するセラミックス材料とそのイオン伝導性

電解質	伝導度	文献
Li$_2$S-P$_2$S$_5$	2.1×10^{-3} (室温)	5)
70 Li$_2$S・27 P$_2$S$_5$・3 P$_2$O$_5$	3.0×10^{-3}	6)
Li$_3$N	6×10^{-3}	7)
Li$_{4.3}$Al$_{0.3}$Si$_{0.7}$O$_4$	6.7×10^{-4} (100 ℃)	8)
Li$_{0.35}$La$_{0.55}$TiO$_3$ (LLT)	1.4×10^{-4}	9)
Li$_7$La$_3$Zr$_2$O$_{12}$ (LLZ)	4.7×10^{-4}	10)
Li$_{2.9}$PO$_{3.3}$N$_{0.46}$	2.3×10^{-6} (25 ℃)	11)
Li$_9$SiAlO$_8$	2.3×10^{-7} (25 ℃)	12)
LiZr$_2$(PO$_4$)$_3$	7×10^{-4} (300 ℃)	13)
Li$_5$La$_3$Ta$_2$O$_{12}$, Li$_5$La$_3$Nb$_2$O$_{12}$	$\sim10^{-6}$ (25 ℃)	14)
Li$_6$BaLa$_2$Ta$_2$O$_{12}$	4×10^{-5} (22 ℃)	15)

第3章 電解質材料

ここでは，$Li_{0.35}La_{0.55}TiO_3$（LLT）固体電解質を用いた多孔質な固体電解質の作製方法について紹介する。上述の多孔性構造を作製する方法として，鋳型法が挙げられる[3]。鋳型法とは，何らかの方法により規則的な構造をもつ鋳型を作製し，それを用いて目的の構造を有する物質を作製する方法である。ここで用いた鋳型は，ポリスチレンからなる球状の粒子で，そのサイズが同じものである。図4に実際に用いたポリスチレン粒子の電子顕微鏡写真を示す。このような粒子を溶媒に分散させた懸濁液をゆっくりと濾過することにより，粒子同士の凝集力を利用して規則的な配列構造を作製することができる。図5にはポリスチレンビーズが集積した状態の電子顕微鏡写真である。すでに述べたように，74％がポリスチレンであり，残り26％は空隙となっている。この空隙部分に固体電解質を作製することにより多孔質な固体電解質膜を得ることができる。リチウムイオン電池を作製するには，厚さ数十〜数百μmの多孔質固体電解質膜が必要となる。

空隙部分に固体電解質を作製するためには，隙間に埋め込む固体電解質が必要となる。少なくとも図5の隙間に入り込むことができるような大きさの粒子，すなわちナノ粒子あるいはコロイド粒子が必要となる。ナノ粒子やコロイド粒子をポリスチレン鋳型の隙間に流し込むことは比較的容易であり，実際にそのような方法で様々な多孔体の作製が行われてきた。この方法を用いることにより図6に示すような非常に高い規則性を有する3次元規則配列多孔体を作製することが

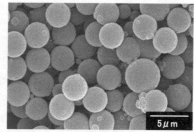

図4 単分散球状ポリスチレンビーズの電子顕微鏡写真

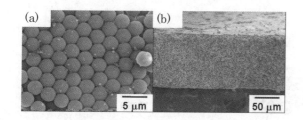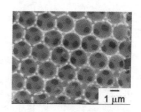

図5 単分散球状ポリスチレンビーズが最密充填した状態の電子顕微鏡写真
(a) 表面, (b) 断面

図6 リチウムイオン伝導性セラミックス固体電解質からなる3次元規則配列多孔体

できる。大きな孔がマクロ孔で，マクロ孔の内部に存在する小さな孔が連通孔である。マクロ孔は理想的には12個の連通孔によってつながれており，完全な多孔体となっている。この図ではLLTで作製されているが，種々の材料により3次元規則配列多孔体を作製することが可能である。この方法による3次元規則配列多孔体は，非常に規則正しい構造を有するが，残念ながら大きな面積のものを作ることはできない。数mmサイズを作るのが精一杯である。

もう一つの方法として，ポリスチレンビーズとナノ粒子を混合した懸濁液を作製し，これを濾過することによっても，同じような構造を作製する混合懸濁液濾過法がある[4]。この場合，ポリスチレンビーズ粒子の大きさと電解質ナノ粒子の大きさの比が重要となる。図7にこの方法により Li^+ イオン伝導性を有する3次元規則配列多孔体を作製する手順を示す。ここで用いたLLT粒子はゾル・ゲル法を用いて作製した粒子をさらに粉砕することにより200 nm前後にしたものである。懸濁液は，この粒子とポリスチレンビーズをエタノールに混合し，分散させたものである。ここで，分散状態が非常に重要であり，可能な限り分散性のよい懸濁液を作製することが重要となる。次に，懸濁液をメンブレンフィルターにより濾過し，フィルター上に堆積させる。堆積速度に依存して最終的に得られる構造体の規則性が変化する。基本的には，ゆっくりと濾過することで規則的な構造を得ることができる場合が多いが，あまりにゆっくりとした場合には分散状態に問題を生じ結果的に凝集体を生成することで規則性が低下する場合がある。ある程度乾燥した状態になると，フィルターから堆積物を取り外すことができる。取り外した堆積膜を平滑なセラミックス板上に置き，熱処理を行うことで，鋳型としたポリスチレンビーズを除去するとともに，ナノ粒子同士を焼結することにより多孔体を得る。この際に，適切な熱処理条件を設定することで膜に亀裂などが発生することを防止することができる。数cm程度の大きさまでなら，

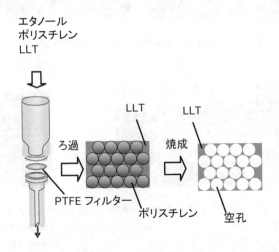

図7　混合懸濁液濾過法による3次元規則配列多孔体の作製方法

ここで紹介した方法により3次元規則配列多孔体を作製することができる。図8に，得られたLLT多孔体の電子顕微鏡写真を示す。規則性は低下しているものの3次元的な規則性を有する電解質膜が作製されている。図9にX線回折パターンを示す。LLTに対応する回折線のみが観測されており，単相のLLT多孔体が得られていることが分かる。この多孔体の両側に金電極を取り付けてインピーダンス測定を行うことでイオン伝導度を求めると，$4 \times 10^{-4}\,\mathrm{S\,cm^{-1}}$となり，十分なイオン伝導度を有している。このような多孔体の内部に活物質を充填することによってリチウムイオン電池用の電極をすべてセラミックスで作製することができる。

多孔体の作製方法として，他に粉体中に増孔剤を添加して作製する方法もあるが，不均一な多孔体となるため，活物質の導入時にセラミックス固体電解質が破損したり，電流分布に異常を生じたりする可能性があり，可能な限り均一な多孔体を得ることが重要となる。

適当な多孔体用の鋳型と固体電解質粒子があれば，上記のような構造を作製することは可能となるが，このままではリチウムイオン電池に応用することができない。この孔の中に活物質を充填することが必要となる。可能なら導電性を補助する物質と一緒に充填することができれば，それにこしたことはない。

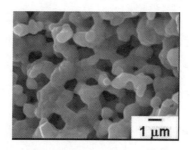

図8　混合懸濁液濾過法により作製された多孔性固体電解質の電子顕微鏡写真

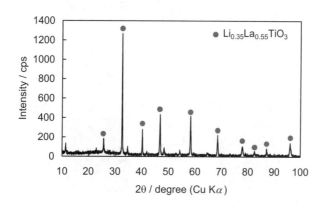

図9　混合懸濁液濾過法により作製された多孔性固体電解質のX線回折パターン

6.3 多孔構造を用いた電極系の作製

図10に上述の方法で得られた多孔性固体電解質に正極活物質を導入するためのプロセスを示す。このプロセスでは，正極活物質となる材料のゾルを用いて充填を行っている。ゾルの多孔性固体電解質への浸透は，通常は困難である。そこで，ここで紹介するプロセスでは，多孔体に前もって，界面活性剤を溶解した水を含浸させておくことで，ゾルの浸透性を大きく改善している[16]。界面活性剤（Sodium Dodecylsulphate：SDS）を含む水溶液の電解質孔内への浸透性は非常に高く，完全に孔内部を溶液で充満することができる。ゾルは徐々に多孔体内の水溶液と混合するために，最終的にはゾルを完全に充填することができる。乾燥によりゾルはゲルに転換される。ゲル体で完全に孔が充満されるまで，この操作を繰り返すことになる。実際には5回程度で，90％程度まで充填が可能である。最終的には熱処理を行い結晶性の活物質とする。図11にLLT多孔体にLiMn$_2$O$_4$を充填して得られた固体電解質と活物質のコンポジット体の電子顕微鏡写真を示す。充填が十分に行われていることが分かる。活物質同士も十分に焼結されており，3次元空間中で連続した固体電解質部分と活物質部分が共存し，さらにお互いが接触し，電気化学的な反応界面を形成していることが分かる。この電極の交流インピーダンス測定を行った結果を図12に示す。固体電解質と活物質の複合体の抵抗は比較的小さく電池として機能しうる電極となっている。抵抗成分の大部分は，活物質－電解質界面の界面抵抗に起因するものと考えられ，界面をより優れたものとすることが重要であることが分かる。図13にこの電極の充放電曲線を示す。対極にはリチウム金属を，正極には厚さ70μmの固体電解質－活物質電極を用いた。また充放電電流値は0.05Cで行った。放電容量は，101 mA h g^{-1}とLiMn$_2$O$_4$の理論容量の84％

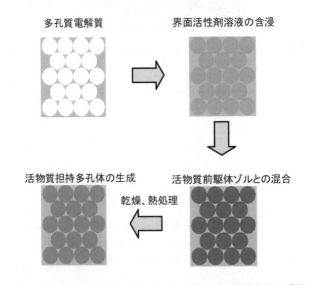

図10　3次元規則配列多孔性LLTへの活物質の導入方法の手順

となり，電解液を用いて行った結果と比較して，遜色のない特性が得られており，原理原則として全固体電池が機能できることを示している。

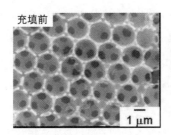

図11　3次元規則配列多孔性 LLT と LiMn$_2$O$_4$ 活物質のコンポジット体の電子顕微鏡写真

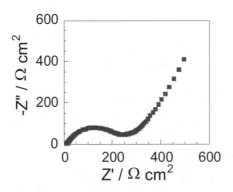

図12　3次元規則配列多孔性 LLT と LiMn$_2$O$_4$ 活物質のコンポジット体のインピーダンス

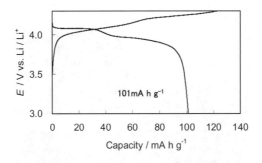

図13　3次元規則配列多孔性 LLT と LiMn$_2$O$_4$ 活物質のコンポジット体の充放電曲線

6.4 多孔構造を用いた電池の作製

対極にリチウム金属を用いるには，固体電解質がリチウム金属により還元されないことが求められる。上述のLLT固体電解質の場合，リチウム金属により還元されるTiが構成元素の1つに含まれており，リチウム金属対極は使用できない。最近になり，リチウム金属によっても還元されない固体電解質として$Li_7La_3Zr_2O_{12}$（LLZ）が開発された[10]。この電解質は図14に示すように，広い電位範囲において安定に存在し，かつ比較的高いイオン伝導性を有する。一方，LLTは明らかに1.5V程度において，還元されており，リチウム金属を負極とする電池に用いることができないことが分かる。

多孔体を用いて電池を構成する場合，正極と負極を仕切る役目をする電解質層が必要となる。したがって，単純な多孔体ではなく緻密層と多孔層が一体になった固体電解質が必要となる。多孔体を作製する方法として，ポリスチレン単分散粒子とLLT固体電解質のナノ粒子を適当な分

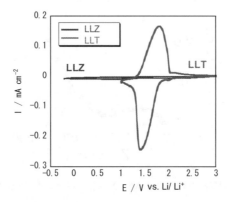

図14　固体電解質の電気化学的な安定性：LLTおよびLLZのサイクリックボルタモグラム

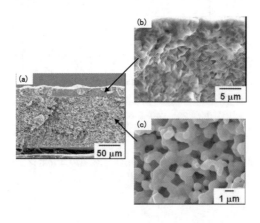

図15　2層構造LLT固体電解質の電子顕微鏡写真

第 3 章　電解質材料

散媒に分散し，これをろ過，熱処理する混合懸濁液濾過法はすでに説明した。ここで，ろ過過程において，ポリスチレンを含むものと含まないものを順にろ過することにより，多孔性を有する層と緻密な層を連続して作製できる。実際に得られた 2 層構造の固体電解質の電子顕微鏡写真を図 15 に示す。同様に多孔層，緻密層，多孔層からなる 3 層構造も作製することができる。このような構造を有する電解質を作製することで，容易に電池を構成することが可能となる。

多孔体中への活物質の充填については，界面活性剤とゾルを用いた上述の方法により可能であり，具体的に電池を作製可能となる。2 層構造の場合には，負極としてリチウム金属を用いることになる。一方，3 層構造の場合には $Li_4Ti_5O_{12}$ などの負極を用いることになる。

6.5　おわりに

固体電解質をリチウムイオン電池で用いる場合，電気化学的な反応界面積を大きくするために何らかの多孔構造が必要となる。ここでは，単分散ポリスチレン粒子を用いて，多孔構造を作成する方法について紹介した。ここで紹介した方法以外にもいろいろな手法を用いて多孔構造を作製することが可能であると思われる。全固体電池の作製には，セラミックス固体電解質とセラミックス活物質を接触させ，より大きな電気化学界面積を実現することが重要であり，材料選択以上にプロセス技術が大切である。

文　　献

1) Y. Kobayashi, H. Miyashiro, T. Takeuchi, H. Shigemura, N. Balakrishnan, M. Tabuchi, H. Kageyama, T. Iwahori, *Solid State Ionics*, **152-153**, 137-142 (2002)
2) K. Dokko, N. Akutagawa, Y. Isshiki, K. Hoshina, K. Kanamura, *Solid State Ionics*, **176**, 2345-2348 (2005)
3) S-W. Woo, K. Dokko, K. Kanamura, *Electrochimica Acta*, **53**, 79-82 (2007)
4) H. Nakano, K. Dokko, M. Hara, Y. Isshiki, K. Kanamura, *Ionics*, **14**, 173-177 (2008)
5) K. Minami, F. Mizuno, A. Hayashi, M. Tatsumisago, *Solid State Ionics*. **178**, 837-841 (2007)
6) K. Minami, F. Mizuno, A. Hayashi, M. Tatsumisago, *J. Non-crystalline Solid*, **354**, 370-373 (2008)
7) T. Lapp, S. Skaarup, A. Hooper, *Solid State Ionics*, **11**, 97-103 (1983)
8) C. Masquelier, M. Tabuchi, T. Takeuchi, W. Soizumi, H. Kageyama, O. Nakamura, *Solid State Ionics*, **79**, 98-105 (1995)

9) Y. Inaguma, M. Itoh, *Solid State Ionics*. **86-88**, 257-260 (1996)
10) R. Murugan, V. Thangadurai, W. Weppner, *Angew. Chem. Int. Ed*. **46**, 7778-7781 (2007)
11) X. Yu, J. B. Bates, G. E. Jellison, Jr., F. X. Hart, *J. Electro. Chem. Soc*. **144**, 524-532 (1997)
12) B. J. Neudecker, W. Weppner, *J. Electro. Chem. Soc*. **143**, 2198-2203 (1996)
13) M. Casciola, U. Costantino, L. Merlini, I. G. Krogh Andersen, E. Krogh Andersen, *Solid State Ionics*, **26**, 229-235 (1998)
14) V. Thangadurai, H. Kaack, W. Weppner, *J. Am. Ceram. Soc*. **86**, 437-440 (2003)
15) V. Thangadurai, W. Weppner, *J. Power Sources*, **142**, 339-344 (2005)
16) M. Hara, H. Nakano, K. Dokko, S. Okuda, A. Kaeriyama, K. Kanamura, *J Power Sources*, **189**, 485-489 (2009)

第4章　界面設計

1　全固体リチウム電池における高出力界面設計

高田和典[*]

1.1　はじめに

　全固体リチウム電池は，現在のリチウムイオン電池における数々の課題を解決する将来の電池と捉えられているが，ただ一つ 1972 年にすでに実用化された系がある。その電池の負極活物質は金属リチウム，正極活物質はビニルピリジン－ヨウ素錯体であり，これらが接触した界面に自動的に生成するヨウ化リチウムが固体電解質として作用する。この電池は心臓のペースメーカー用電池[1]として今日も使い続けられているが，固体電解質として用いられているヨウ化リチウムのイオン伝導度は 10^{-7} S・cm^{-1} にすぎず，出力電流は小さなものであった。そのためヨウ化リチウムのイオン伝導度を向上させるべく様々な添加物などの試みが行われたが，イオン伝導度を2桁も高めたものは驚くことに絶縁体であるアルミナであった[2]。実際にこの高いイオン伝導度を利用していくつかの全固体リチウム電池[3,4]も試作されたが，このイオン伝導性向上現象がヨウ化リチウムとアルミナの界面に形成される空間電荷層に基づくものであることが明らかとなるのは 1979 年のことである[5]。

　このように，イオン伝導体の表面やイオン伝導体が異種物質と接触した界面には空間電荷層が形成され，そこではイオン伝導体内部とは異なった特異なイオン伝導が現れる。このような現象は，現在「ナノイオニクス」[6]という範疇にくくられている。空間電荷層におけるイオン伝導を理解する助けとなるのは，フッ化カルシウムとフッ化バリウムの交互積層体におけるイオン伝導の研究[7]であろう。

　フッ化カルシウムもフッ化バリウムも，フッ化物イオンが伝導種である固体電解質である。両相におけるフッ化物イオンの電気化学ポテンシャルが異なっているため，フッ化バリウムからフッ化カルシウムへのフッ化物イオンの移動が起こり，界面は平衡に達する。この移動により界面のフッ化カルシウム側には格子間イオンが，逆にフッ化バリウム側にはイオン空孔が生成する。これらがイオン伝導に寄与するため，この界面では両相の内部に比べて高いイオン伝導性が現れることが実験的[7]にも理論的[8]にも確認されている。

---

[*]　Kazunori Takada　㈱物質・材料研究機構　国際ナノアーキテクトニクス研究拠点　グループリーダー

ナノイオニクス現象は，界面を形成する2相間における可動イオンの電気化学ポテンシャルの違いにより引き起こされる。電池は電解質を介して電気化学ポテンシャルの異なる一対の電極を接続した素子であるため，そこでは必ずナノイオニクス現象が現れる。しかも起電力の高いリチウム電池では電気化学ポテンシャルの違いは大きく，さらに熱揺動の小さな室温作動の系であることから，ナノイオニクスの効果は特に顕著なものとなるはずである。したがって，全固体リチウム電池における界面を設計するにあたっては，ナノイオニクス現象を考慮することは非常に重要である。

1.2 全固体リチウム電池におけるナノイオニクス

全固体リチウム電池には，少なくとも正極活物質と固体電解質，負極活物質と固体電解質の2種類の界面が存在する。したがって，たとえ$LiCoO_2$と黒鉛という同じ正負極の組み合わせにおいても，各々の界面におけるナノイオニクス現象の現れ方は，その間に介される固体電解質の種類によって異なっているはずである。

全固体電池開発の黎明期における固体電解質のイオン伝導度は液体系に比べてきわめて低いものであったため，電池の全固体化における最も大きな課題は出力性能を維持することであり，そのために高いイオン伝導性を持つ固体電解質の開発が長年にわたって続けられてきた。リチウム電池に用いられる有機溶媒電解質のイオン伝導度は10^{-2} S・cm^{-1}台に届いているとはいえ，リチウムイオン輸率は高いものでも$0.3～0.4$[9]である。それに対して，固体電解質ではリチウムイオン輸率が1であるため，10^{-3} S・cm^{-1}のイオン伝導度があれば有機溶媒電解質系と同等の出力性能を発現するためにほぼ十分であることになる。このようなイオン伝導度をもつ固体電解質には，チッ化リチウム[10]や，NASICON型の結晶構造をもつ$LiTi_2(PO_4)_3$[11]，ペロブスカイト型構造をもつ$(Li, La)TiO_3$[12]などがある。しかしながらこれら電解質は電位窓が狭く[13～15]，さらに粒界抵抗が高い[12,16,17]という問題があり，これらを用いた全固体リチウム電池はほとんど報告されていない。遷移金属を含まない，粒界抵抗の低い成型体を作製することができるという点において，全固体リチウム電池用の固体電解質として利用可能なものは，現在のところ硫化物に限られているといってもよい。そのため，ここでは硫化物固体電解質を用いた場合に限って，全固体リチウム電池の界面設計について話を進めたい。

先の例を見ると，ナノイオニクスは高いイオン伝導発現に効果的であるかのように思える。実際に，ナノイオニクスを利用した高イオン伝導体開発では数々の成果が生まれている[18,19]。しかしながら，イオン伝導体がこのように高いイオン伝導性をもつ固体電解質の場合にも事情が同じであるとは限らない。ナノイオニクス現象がイオン伝導性の向上現象をもたらしたものは，ほとんどが単純な化学量論組成の化合物である。このような化合物においてナノイオニクス現象によ

第4章　界面設計

り格子間イオンやイオン空孔が生成すると，これらがイオン伝導に寄与するため伝導度は上昇する。それに対して，高イオン伝導性固体電解質は決してそのように単純な化合物ではない。

硫化物固体電解質のイオン伝導度は，すでに1980年代には非晶質系において10^{-3} S・cm^{-1}台にはいっており[20]，2000年以降に見出されたLi_2S-GeS_2-P_2S_5系のチオリシコン[21]で2.2×10^{-3} S・cm^{-1}，Li_2S-P_2S_5結晶化ガラスでは3.2×10^{-3} S・cm^{-1}にも達する[22]。チオリシコンは$Li_4M^{+IV}S_4$を基本組成とした一連の化合物である。$Li_4M^{+IV}S_4$における4価のM^{+IV}の一部を5価のイオンで置換しイオン空孔を導入する，あるいは3価のイオンで置換し格子間イオンを導入することで高いイオン伝導度を達成したものである[21]。$Li_{3.25}Ge_{0.25}P_{0.75}S_4$の組成で最も高いイオン伝導度を示すが，基本組成のイオン伝導度はLi_4GeS_4[23]で2.0×10^{-7} S・cm^{-1}，Li_4SiS_4ではさらに低い10^{-8} S・cm^{-1}台[24]にすぎず，また$Li_{3.25}Ge_{0.25}P_{0.75}S_4$のもう一方の端組成である$Li_3PS_4$のイオン伝導度も$3 \times 10^{-7}$ S・cm^{-1}にとどまっている[25]。

チオリシコンはこのように高イオン伝導に適した基本骨格を決め，そこに格子間イオンやイオン空孔を導入することで開発された固体電解質である。それに対してLi_2S-P_2S_5結晶化ガラスは，イオン伝導性ガラスの結晶化過程において高イオン伝導相が初晶として析出する[26]という全く別の現象からアプローチされた固体電解質であるが，現在ではチオリシコン類似の構造をもっていることが明らかとなっている[27]。この結晶化ガラスの生成する領域が限られているため広い組成範囲におけるイオン伝導の変化は知られていないが，類似構造をもつチオリシコンに対する研究では$Li_{3+5x}P_{1-x}S_4$の対応線上におけるイオン伝導度が調べられており，その伝導度は組成によって10^{-4} S・cm^{-1}から10^{-7} S・cm^{-1}台まで変化する[28]。

すなわち，これら固体電解質は優れたイオン伝導性を発現させるために組成を最適化した化合物であるということができる。広い組成域の中で最もイオン伝導度の高い組成を用いているわけであるから，可動イオン濃度が変化した空間電荷層においてはイオン伝導度が低下することは想像に難くない。すなわち，固体電解質においてはナノイオニクス現象がイオン伝導度の低下を引き起こすものと考えられる。

1.3　高出力界面の設計

硫化物固体電解質を用いたリチウムイオン電池の出力性能を調べてみると，10^{-3} S・cm^{-1}のイオン伝導度をもつ固体電解質を使用しているにもかかわらず出力電流密度は$1 mA$・cm^{-2}以下であり[29,30]，その律速段階は正極活物質である$LiCoO_2$と硫化物固体電解質の界面にあることがわかる[31]。$LiCoO_2$と硫化物固体電解質の間にも，当然のことながら空間電荷層が形成されるが，酸化物と硫化物のイオン伝導体が界面を形成した場合には，硫化物イオンに比べて酸化物イオンがより強くリチウムイオンを引き付けるため，図1aに示すようにリチウムイオンの濃度は酸化

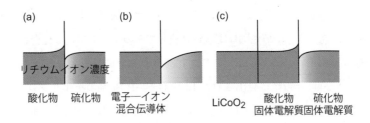

図1　$LiCoO_2$と硫化物固体電解質の接合界面モデル

物側で高まり，硫化物の側では低下する。さらに，この界面においては$LiCoO_2$が電子伝導を有するため$LiCoO_2$内ではリチウムイオン濃度に勾配がつきにくい。そのため，界面の$LiCoO_2$側ではリチウムイオン濃度がほとんど上昇せず，その結果として空間電荷層は，半導体－金属の接合界面におけるショットキー接合と同じように，硫化物固体電解質側で大きく発達する（図1b）。この空間電荷層内におけるリチウムイオン濃度は，高イオン伝導に最適な値から大きく，しかも荷電担体であるリチウムイオン濃度が低下する方向にずれるため，高抵抗層として作用する。すなわち，この界面に高抵抗成分が生じる原因は，酸化物と硫化物との界面であること，しかも一方の物質が電子伝導性を有することである。われわれは，この高抵抗層の形成を抑え，全固体リチウム電池の出力性能を向上させるために，この界面に緩衝層として酸化物固体電解質を介在させ，空間電解質層を発達させる2つの駆動力を分散させた[32]。

　この界面に酸化物固体電解質を介在させると，そこには$LiCoO_2$と酸化物固体電解質，酸化物固体電解質と硫化物固体電解質の2つの界面が形成される。前者は酸化物同士の界面であるため，空間電荷層形成の駆動力となるリチウムイオンの電気化学ポテンシャルの違いはあまり大きなものではない。一方後者の界面は電子絶縁性の物質間の界面であるため空間電荷層はショットキー型に発達することもなく，その結果，図1cに示すように酸化物固体電解質を緩衝層として介在させることにより，この界面において高抵抗成分として作用する発達した空間電荷層の形成を避けることができる。全固体電池の電極は，一般的に電極活物質と固体電解質の接触面積を大きなものとするために，電極活物質と固体電解質の混合物となっている。このような複合体電極において，$LiCoO_2$と硫化物固体電解質の間に酸化物固体電解質層を介在させるためには，$LiCoO_2$粒子表面に酸化物固体電解質の層を設けた後に硫化物固体電解質と混合してやればよい。

　粉末表面への薄膜形成には転動流動層コーティング法という，一種のスプレー法を用いることができる。$LiCoO_2$粉末を流動層とした状態で，緩衝層材料の溶液を噴霧すると，$LiCoO_2$粒子表面で緩衝層溶液の付着・乾燥が繰り返され，粒子表面が緩衝層で均一に被覆されることになる。緩衝層材料の溶液としてチタンとリチウムのアルコキシドを溶解したエタノール溶液を用いると，図2に示したように$LiCoO_2$粒子表面に酸化物固体電解質層として$Li_4Ti_5O_{12}$層を均一に形成す

第4章　界面設計

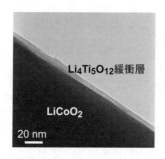

図2　$Li_4Ti_5O_{12}$を緩衝層として形成した$LiCoO_2$粒子の電子顕微鏡像

ることができる。

　緩衝層介在による空間電荷層発達の抑制の様子は，充電曲線の初期に現われる。空間電荷層の発達は硫化物固体電解質から$LiCoO_2$へのリチウムイオンの移動によって引き起こされるため，硫化物固体電解質と界面を形成する$LiCoO_2$内部には元来含まれている以外の余分なリチウムイオンが存在することになる。この余分なリチウムイオンは$LiCoO_2$の充電過程で脱離していくことになるため，充電曲線の初期にはこの脱離反応が酸化過程として現われることになる。

　図3に緩衝層として$Li_4Ti_5O_{12}$[32]，$LiNbO_3$[33]層，ならびに$LiTaO_3$[31]層を形成した$LiCoO_2$電極の$Li_{3.25}Ge_{0.25}P_{0.75}S_4$中における充電曲線のごく最初の部分を示している。緩衝層を形成していないものでは，$LiCoO_2$が本来示す4Vの電位平坦部に加え，3.0V〜4.0Vにかけて電位がなだらかに変化する領域がみられる。この領域が前述の余分なリチウムイオンが脱離していく過程に対応するならば，緩衝層の介在によりこの領域は消失していくはずである。図中には，緩衝層材料の塗布量を緩衝層が$LiCoO_2$粒子表面に均一に形成したと仮定した場合の厚みとして示しているが，緩衝層材料を塗布していくことにより実際にこの領域は短くなっている。すなわち，$LiCoO_2$粒子表面を緩衝層が次第に覆っていくことにより，空間電荷層の発達した界面の面積が徐々に減少し，このような充電曲線の変化となっているものと考えられる。また，空間電荷層の発達は緩衝層が介在することのみにより抑制されるため，その抑制の様子は緩衝層として用いた材料によらないはずであり，実際にこれらの充電曲線は見事なまでに一致している。

　空間電荷層発達抑制の様子は，このように緩衝層の種類によらない。しかしながら，電流は緩衝層を横切って流れるため，出力性能は緩衝層材料の物性，特にイオン伝導性の違いを反映したものとなる。図3bは交流法を用いて測定したこの3種類の緩衝層材料を用いた電極のインピーダンスを比較したものであるが，$Li_4Ti_5O_{12}$に比べて$LiNbO_3$や$LiTaO_3$のほうが電極抵抗の低減効果が大きなことが分かる。

　これらの電極に用いた緩衝層は数ナノメートルの非常に薄いものである。したがって，緩衝層

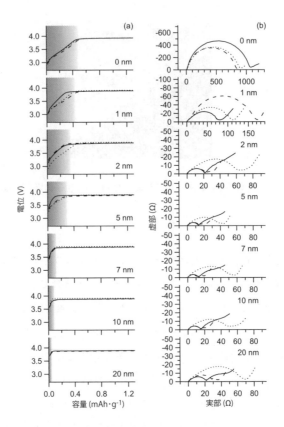

図3 緩衝層として$Li_4Ti_5O_{12}$(点線),$LiNbO_3$(破線)ならびに$LiTaO_3$(実線)を形成した$LiCoO_2$の充電曲線(a)とインピーダンススペクトル(b)

　形成時に高温で熱処理を行った場合には相互拡散により緩衝層が消失してしまうことがある。そのため緩衝層は低温熱処理により形成しており,非晶質に近い状態となっている。$LiNbO_3$や$LiTaO_3$は非晶質状態で高いイオン伝導度を示す[34]ことから,緩衝層内のリチウムイオン伝導が$Li_4Ti_5O_{12}$に比べて高く,このことが$Li_4Ti_5O_{12}$に比べて大きな電極低減効果につながっている。$Li_4Ti_5O_{12}$と$LiNbO_3$を緩衝層として用いた電極について,直流電流を用いて実際の高率放電特性を比較した結果を図4に示したが,$LiNbO_3$を用いたものが優れた高率放電性能をもつことが分かる。

　最後に,本稿で述べた界面設計を用いた全固体リチウム電池性能を図5に示す。この全固体リチウム電池の正極活物質は緩衝層として$Li_4Ti_5O_{12}$を5 nmの厚みで形成した$LiCoO_2$であり,負極活物質には黒鉛を,硫化物固体電解質にはLi_2S-P_2S_5結晶化ガラスを用いている。図中には緩衝層の有無による出力性能の変化と,液体電解質を用いた市販リチウムイオン電池[35]の出力特性を比較のために示しているが,この界面設計を適用することにより全固体リチウム電池の出力

第 4 章　界面設計

性能は 10 倍近くに向上し，市販リチウムイオン電池に匹敵するものとなることが見て取れる。

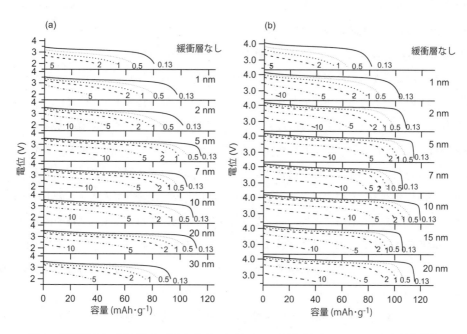

図 4　緩衝層として $Li_4Ti_5O_{12}$ (a) ならびに $LiNbO_3$ (b) を形成した $LiCoO_2$ の高率放電特性

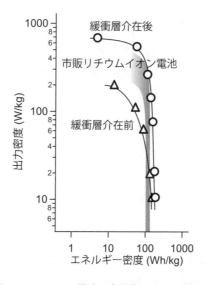

図 5　市販リチウムイオン電池と全固体リチウム電池の出力特性

1.4 おわりに

　固体電解質が液体の電解質と大きく異なる点は，リチウムイオン以外がほとんど移動度をもたないことである。液体電解質の場合にはリチウムイオンの周りに存在するアニオンや溶媒分子も電解質中で動き回るのに対して，固体電解質中のリチウムイオンの周りには不動のアニオン性を帯びた副格子が存在するのみである。このことは，電池部位によりリチウムイオンの周りの環境を異なったものとすることが可能であることを意味している。本稿で示した例では，セパレータとして作用する部分にはイオン伝導に有利な硫化物イオンをリチウムイオンの最近接イオンとした固体電解質，正極活物質に近接した部分の最近接イオンをアノード分極下におけるイオン伝導度低下の少ない酸化物イオンとした構成になっている。つまりこの例は，リチウムイオンの伝導性に影響を及ぼすものとして最近接アニオンのみに注目した界面設計である。このように非常に単純な設計指針のみでこれほどの性能向上が見られることは，これまで全固体電池において界面イオン伝導現象に注意が払われてこなかったことを物語るものであり，さらにこの分野に現代の発達したナノスケールの分析・解析技術を持ち込むことにより，より精緻な界面設計の指針が生まれるものと期待される。

　そもそも，電池部位により異なった電解質を使い分けることができる，すなわち一つの電池内部に複数の電解質を用いることができることは全固体電池の大きな特徴であり，これまでにも正極活物質と負極活物質と接触する側で各々耐酸化性と耐還元性に優れたアニオン副格子をもつ固体電解質を使い分けた電池[29]，あるいは耐酸化性の低い高分子固体電解質（PEO）中で高電位正極（$LiNi_{0.5}Mn_{1.5}O_4$）を使用するためにその界面に Li_3PO_4 を介在させた例[36]などにおいても，顕著な性能向上が報告されてきた。電気自動車の実現を可能とする電源をはじめとして現代において電池に対する要求は非常に高いが，その期待に応えるものは新たな界面設計を採用した多電解質系の電池なのかもしれない。

文　　献

1) A. A. Schneider, D. E. Harney, M. J. Harney, *J. Power Sources*, **5**, 15 (1980)
2) C. C. Liang, *J. Electrochem. Soc.*, **120**, 1289 (1973)
3) C. C. Liang, L. H. Barnette, *J. Electrochem. Soc.*, **123**, 453 (1976)
4) C. C. Liang, A. V. Joshi, N. E. Hamilton, *J. Appl. Electrochem.*, **8**, 445 (1978)
5) T. Jow, J. B. Wagner, *J. Electrochem. Soc.*, **126**, 1963 (1979)
6) J. Maier, *Prog. Solid State Chem.*, **23**, 171 (1995)

第4章　界面設計

7) N. Sata, K. Eberman, K. Eberl, J. Maier, *Nature*, **408**, 946 (2000)
8) X. Guo, J. Maier, *Adv. Funct. Mater.*, **19**, 96 (2009)
9) F. Croce, A. D'Aprano, C. Nanjundiah, V. R. Koch, C. W. Walker, M. Salomon, *J. Electrochem. Soc.*, **143**, 154 (1996)
10) U. v. Alpen, A. Rebenau, G. H. Talat, *Appl. Phys. Lett.*, **30**, 621 (1977)
11) H. Aono, E. Sugimoto, Y. Sadaoka, N. Imanaka, G. Adachi, *J. Electrochem. Soc.*, **136**, 590 (1989)
12) Y. Inaguma, C. Liquan, M. Itoh, T. Nakamura, T. Uchida, H. Ikuta, M. Wakihara, *Solid State Commun.*, **86**, 689 (1993)
13) B. Neumann, C. Kroger, H. Haebler, *Z. Anorg. Allgem. Chem.*, **204**, 81 (1932)
14) A. Aatiq, M. Menetrier, L. Croguennec, E. Suard, C. Delmas, *J. Mater. Chem.*, **12**, 2971 (2002)
15) K. Klingler, W. F. Chu, W. Weppner, *Ionics*, **3**, 289 (1997)
16) B. A. Boukamp, R. A. Huggins, *Mater. Res. Bull.*, **13**, 23 (1978)
17) H. Aono, E. Sugimoto, Y. Sadaoka, N. Imanaka, G. Adachi, *Solid State Ionics*, **47**, 257 (1991)
18) P. Knauth, *J. Electroceram.*, **5**, 111 (2000)
19) V. V. Belousov, *J. Euro. Ceram. Soc.*, **27**, 3459 (2007)
20) R. Mercier, J. -P. Malugani, B. Fahys, G. Robert, *Solid State Ionics*, **5**, 663 (1981)
21) R. Kanno, M. Murayama, *J. Electrochem. Soc.*, **148**, A742 (2001)
22) F. Mizuno, A. Hayashi, K. Tadanaga, M. Tatsumisago, *Adv. Mater.*, **17**, 918 (2005)
23) R. Kanno, T. Hata, Y. Kawamoto, M. Irie, *Solid State Ionics*, **130**, 97 (2000)
24) M. Murayama, R. Kanno, M. Irie, S. Ito, T. Hata, N. Sonoyama, Y. Kawamoto, *J. Solid State Chem.*, **168**, 140 (2002)
25) M. Tachez, J. -P. Malugani, R. Mercier, G. Robert, *Solid State Ionics*, **14**, 181 (1984)
26) M. Tatsumisago, Y. Shinkuma, T. Minami, *Nature*, **354**, 217 (1991)
27) H. Yamane, M. Shibata, Y. Shimane, T. Junke, Y. Seino, S. Adams, K. Minami, A. Hayashi, M. Tatsumisago, *Solid State Ionics*, **178**, 1163 (2007)
28) M. Murayama, N. Sonoyama, A. Yamada, R. Kanno, *Solid State Ionics*, **170**, 173 (2004)
29) K. Takada, T. Inada, A. Kajiyama, H. Sasaki, S. Kondo, M. Watanabe, M. Murayama, R. Kanno, *Solid State Ionics*, **158**, 269 (2003)
30) Y. Seino, K. Takada, B.-C. Kim, L. Zhang, N. Ohta, H. Wada, M. Osada, *Solid State Ionics*, **176**, 2389 (2005)
31) K. Takada, N. Ohta, L. Zhang, K. Fukuda, I. Sakaguchi, R. Ma, M. Osada, T. Sasaki, *Solid State Ionics*, **179**, 1333 (2008)
32) N. Ohta, K. Takada, L. Zhang, R. Ma, M. Osada, T. Sasaki, *Adv. Mater.*, **18**, 2226 (2006)
33) N. Ohta, K. Takada, I. Sakaguchi, L. Zhang, R. Ma, K. Fukuda, M. Osada, T.

Sasaki, *Electrochem. Commun.*, **9**, 1486 (2007)
34) A. M. Glass, K. Nassau, T. J. Negran, *J. Appl. Phys.*, **49**, 4808 (1978)
35) R. Mosthev. B. Johnson, *J. Power Sources*, **91**, 86 (2000)
36) Y. Kobayashi, H. Miyashiro, K. Takei, H. Shigemura, M. Tabuchi, H. Kageyama, T, Iwahori, *J. Electrochem. Soc.*, **150**, A 1577 (2003)

2 全固体リチウム電池の電極－電解質界面構築手法

林　晃敏[*1]，辰巳砂昌弘[*2]

2.1 はじめに

リチウム二次電池の安全性，信頼性の抜本的な向上を目的として，電池の全固体化が注目されている。筆者らはこれまでに，高いリチウムイオン伝導性を示す硫化物系ガラスやガラスセラミックスを作製し，それらを固体電解質に用いた全固体リチウム二次電池の開発を行ってきた[1,2]。しかし現状の全固体電池では，出力密度やエネルギー密度に課題を残している。

全固体電池の一層の高性能化を図るためには，固体電解質や電極活物質の特性向上だけでは不十分であり，両者の間に良好な固体界面接触を実現するための電極－電解質界面構築手法の開発が重要となる。

本稿では，電極活物質と固体電解質，導電助剤から構成される電極複合体の設計指針や酸化物コーティングによる電極－電解質界面修飾，メカノケミカル法による電極－電解質ナノ複合体の構築など，最近の筆者らの研究を中心に紹介する。

2.2 電極複合体の設計

粉末を積層することによって得られるバルク型全固体電池の電極部分には，電極活物質粒子にイオン伝導パスとなる固体電解質粒子と電子伝導パスとなる導電助剤を混合した電極複合体が一般的に用いられる。電気化学反応は電極－電解質間の固体界面で生じるため，いかに良好な界面を構築するかが全固体電池の特性向上を図る上で重要となる。ここでは，電極活物質や導電助剤のサイズや形状が，全固体電池の作動特性に及ぼす影響について紹介する。

筆者らは液相法を用いて，様々な粒径のα-Fe_2O_3電極活物質粒子を合成した[3]。具体的には，$FeCl_3$水溶液に$NaOH$水溶液を加え，100 ℃で数日間エージングした後，超音波照射による分散・遠心分離を数回行い，真空乾燥することでα-Fe_2O_3粒子を得た。合成したα-Fe_2O_3は全て球状粒子であり，そのサイズは$NaOH$水溶液の濃度を変化させることにより制御した。1.0 Mの$NaOH$水溶液を用いた場合，粒子径が約3.7 μm，4.0 Mの$NaOH$水溶液で約1.0 μm，5.4 Mの$NaOH$水溶液で約250 nmとなった。図1には，様々なサイズのα-Fe_2O_3粒子を電極活物質に用いた全固体電池の1サイクル目の充放電曲線を示す。固体電解質には，室温で高いリチウムイオン伝導性を示す80 Li_2S・20 P_2S_5ガラスセラミックス（詳しくは第1編第3章4節を参照のこと）を用い，対極にはLi-In合金を用いた。作用極には，α-Fe_2O_3，固体電解質，アセチレ

[*1] Akitoshi Hayashi　大阪府立大学　大学院工学研究科　物質・化学系専攻　助教
[*2] Masahiro Tatsumisago　大阪府立大学　大学院工学研究科　物質・化学系専攻　教授

次世代型二次電池材料の開発

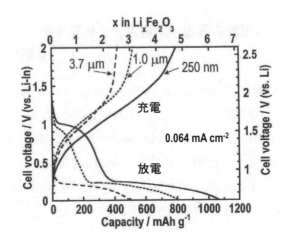

図1　様々なサイズのα-Fe$_2$O$_3$粒子を電極活物質に用いた全固体電池 Li-In/α-Fe$_2$O$_3$ の初期充放電曲線
作動電流密度は 0.064 mA cm^{-2}。

ンブラックを重量比で 40：60：6 となるように混合した電極複合体を用いた。充放電測定は，室温下，電流密度 0.064 mA cm^{-2} で行った。3.7 μm の α-Fe$_2$O$_3$ を用いた場合は 0.8 V（vs. Li）付近の放電プラトーのみ観測されたのに対して，1.0 μm および 250 nm の α-Fe$_2$O$_3$ を用いた場合は，0.8 V（vs. Li）付近のプラトーに加え 1.5 V（vs. Li）付近にもプラトーが見られた。1.5 V（vs. Li）付近に見られるプラトーは，ナノサイズの α-Fe$_2$O$_3$ 電極活物質を用いた場合にのみ観測されることが報告されており[4]，相転移を起こさずにリチウムが挿入されるプロセスに対応していると考えられる。よって，全固体電池においても活物質粒子のサイズによって，充放電プロセスに違いが見られることがわかった。

また 1.0 μm の α-Fe$_2$O$_3$ においても 1.5 V のプラトーが観測されたことについては，この粒子が比較的大きな比表面積（20 m^2 g^{-1}）と細孔容積（0.017 cm^3 g^{-1}）を有していることに起因すると考えられる。250 nm の α-Fe$_2$O$_3$ を用いた場合，カットオフ電位 0.6 〜 2.6 V（vs. Li）の条件で，初期放電容量は約 1,050 mAh g^{-1} の大きな値を示した。しかし粒径が大きくなるにつれて容量が減少することから，活物質の微粒子化が利用率の増大に有効であることがわかった。

活物質のより一層の微粒子化を目的として，遊星型ボールミルを用いたメカノケミカル法により α-Fe$_2$O$_3$ のナノ粒子を作製し，全固体電池へ適用した[5]。得られた粒子は，約 14 nm の一次粒子が凝集した二次粒子であった。全固体電池の初期放電容量は約 780 mAh g^{-1} となり，図1 に示した 250 nm のサイズの揃った α-Fe$_2$O$_3$ を用いた電池に比べて容量が小さいことがわかった。以上の結果から，ナノサイズの活物質を用いても，それが凝集体を形成してしまうと有効に活物質を利用できないことがわかった。よって，全固体電池の性能向上のためには，凝集体を形

第4章 界面設計

成せず,かつ粒子径の小さな活物質を適用することが望ましいと考えられる。

次に,電極複合体中に電子伝導パスの構築を目的として添加している導電助剤の形状が,全固体電池の作動特性に与える影響について検討した。筆者らはこれまでに,アセチレンブラック(AB),気相成長炭素繊維(VGCF),グラファイト,窒化チタン,金属ニッケルなどの微粒子を導電助剤として適用してきた[6,7]。ここでは良好な特性を示したABとVGCFを用いた全固体電池について述べる。図2(a)には,ABもしくはVGCFを導電助剤として添加した電極複合体を用いる全固体電池の,電流密度1.3 mA cm^{-2}における初期充放電曲線を示す[6]。作用極にはLiCoO$_2$と固体電解質,導電助剤を40:60:6(AB)もしくは40:60:4(VGCF)の重量比で混合して得られた電極複合体を用い,固体電解質には80 Li$_2$S・20 P$_2$S$_5$ ガラスセラミックスを,対極にはInを用いた。また図2(b), (c)にはそれぞれ,ABとVGCFのSEM像を示す。ABは粒径約15 nmの粒子が凝集したナノカーボンであり,VGCFは直径約150 nm,長さ約20 μmのファイバー形状を有することがわかる。

導電助剤を添加していない電極複合体を用いた電池は,0.064 mA cm^{-2}の小さな電流密度においても充電電位が6 Vに到達し,放電させることができないのに対し,電極複合体にABやVGCFなどの導電助剤を適量加えることによって,1 mA cm^{-2}以上の比較的大きな電流密度において充放電が可能となった。VGCFを用いた電池では,3 V付近の放電プラトーと70 mAh g^{-1}の初期放電容量を示した。一方,ABを用いた電池では,VGCFを用いた電池に比べて充電電位の増加と放電電位の減少が観測され,初期放電容量は約40 mAh g^{-1}となった。VGCFを用いた

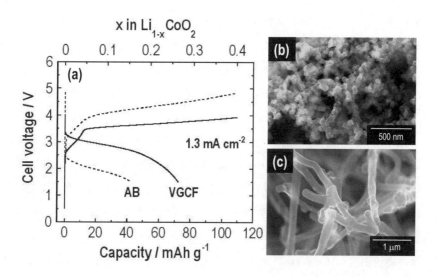

図2 ABもしくはVGCFを導電助剤として添加した電極複合体を用いた全固体電池 In/LiCoO$_2$の電流密度1.3 mA cm^{-2}における初期充放電曲線(a),ABのSEM像(b)およびVGCFのSEM像(c)

電池は，50サイクルまで充放電可能であり，約 40 mAh g^{-1} の放電容量を保持した。電極複合体中において，ファイバー形状の VGCF が電極活物質粒子を橋渡し的につなぐことによって，効率的な電子伝導パスが形成されたと考えられる。

以上の結果から，導電助剤としては AB に比べて VGCF が全固体電池のレート特性を高めるのに有効であり，導電助剤の形状に注目した電極複合体の構築が重要であることがわかった。

2.3 酸化物コーティングによる電極-電解質界面修飾

筆者らは，硫化物固体電解質を用いたバルク型全固体電池が，電流密度を制限すれば500～700サイクルの充放電が可能であり，良好なサイクル特性を示すことをこれまでに報告している[2]。全固体電池における克服すべき課題の一つが電池の高出力化である。高出力化を阻んでいる一つの要因は，大きな電極-電解質界面抵抗の存在である。この界面抵抗を抑制する一つの有効な手法として，電極活物質表面の酸化物コーティングが挙げられる。高田らは，$LiCoO_2$ 電極活物質粒子の表面を，$LiNbO_3$ などのリチウムイオン伝導性の酸化物薄膜でコーティングすることによって，thio-LISICON 結晶を固体電解質に用いた全固体電池が，1～10 mA cm^{-2} の高電流密度下で放電できることを報告した[8,9]。

筆者らは，酸化物コーティング薄膜中のリチウムイオンの有無が，全固体電池の作動特性に与える影響について検討した[10,11]。また，電極-電解質界面に酸化物層を導入した場合としない場合について，全固体電池の交流インピーダンス解析や TEM-EDX 分析を行い，酸化物層導入の効果について詳しく調べた。

ゾル-ゲル法を用いて，$LiCoO_2$ 活物質粒子上へ，リチウムイオンを含まない SiO_2 薄膜やリチウムイオン伝導性を示す Li_2SiO_3 薄膜をコーティングした。出発物質としてテトラエトキシシランとリチウムエトキシドを用いてゾルを調製した。希釈したゾルに $LiCoO_2$ 粒子を混合し，乾燥することで得た試料を 350 ℃で30分間熱処理を行うことで，$LiCoO_2$ 粒子表面上に SiO_2 もしくは Li_2SiO_3 ガラス薄膜を形成した。$LiCoO_2$ に対するガラスの割合は 0.06～0.6 wt％とした。0.6 wt％の Li_2SiO_3 をコートした $LiCoO_2$ 粒子の断面 TEM 観察の結果から，$LiCoO_2$ 粒子表面のコーティング層の厚みは約 10 nm であった[11]。表面を酸化物薄膜で修飾した $LiCoO_2$ と 80 Li_2S・20 P_2S_5 ガラスセラミック電解質を 70:30 の重量比で混合して電極複合体を作製した。この電極複合体を作用極に，80 Li_2S・20 P_2S_5 ガラスセラミックを固体電解質に，In を対極に用いて全固体電池 In/$LiCoO_2$ を作製した。

図3には，電流密度 0.13 mA cm^{-2} で 4.2 V（vs. Li）まで初期充電した後の In/$LiCoO_2$ 全固体電池のインピーダンスプロットを示す。いずれの電池においても，充電前には観測されない半円が観測され，充電時に新たな抵抗成分が生じることがわかった。抵抗成分の分離を行うために，

第4章 界面設計

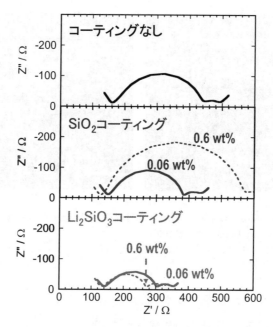

図3 電流密度 0.13 mA cm^{-2} で 4.2 V (vs. Li) まで初期充電した後の全固体電池 In/LiCoO$_2$ (表面コーティングなし，SiO$_2$コーティング，Li$_2$SiO$_3$コーティング) のインピーダンスプロット

Li-In/Li-In，SUS 316/SUS 316，In/LiCoO$_2$ など様々な電極を用いた全固体電池の交流インピーダンス解析を行った結果，中周波数領域に見られる大きな半円は，LiCoO$_2$ 電極－Li$_2$S-P$_2$S$_5$ 電解質界面の抵抗に由来すると考えられ，この抵抗が電池総抵抗を大きく支配していることがわかった[11]。

酸化物のコーティング量が 0.06 wt % の場合，酸化物中のリチウムイオンの有無にかかわらず，酸化物コーティングなしの場合に比べて電極－電解質界面抵抗は減少した。また絶縁性の SiO$_2$ コーティングに比べてリチウムイオン伝導性の Li$_2$SiO$_3$ コーティングの方が，より効果的に界面抵抗を低減できることが明らかになった。また，SiO$_2$ のコーティング量を 0.06 wt % から 0.6 wt % に増加すると，界面抵抗の増大が観測されることから，コーティング量が多い場合には SiO$_2$ 層自体が抵抗層として寄与することが示唆された。

一方 Li$_2$SiO$_3$ の場合は，コーティング量を同様に増加するとさらに界面抵抗の減少が見られた。以上の結果から，リチウムイオンを含まない酸化物薄膜を用いても，界面抵抗を減少させることは可能であるが，リチウムイオンを含む酸化物薄膜を用いた方が，界面抵抗低減にはより効果的であることが明らかになった。

初期充電後の LiCoO$_2$ 電極－Li$_2$S-P$_2$S$_5$ 電解質界面の構造を調べるために，界面部分の断面 TEM-EDX 分析を行った[12]。図4には，初期充電後の電極複合体中の LiCoO$_2$ 活物質粒子と 80

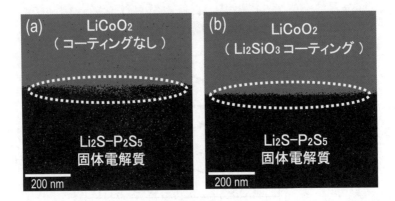

図4 初期充電後の電極複合体中のLiCoO₂活物質粒子と80Li₂S・20P₂S₅電解質粒子の接触界面における断面のCoのEDXマッピング
(a)表面コーティングなしのLiCoO₂を用いた場合,(b)Li₂SiO₃をコーティングしたLiCoO₂を用いた場合

Li₂S・20P₂S₅電解質粒子の接触界面における断面のCoのEDXマッピングを示す。図の上部に活物質,下部に電解質が存在しており,Coの存在領域をグレーで示してある。(a)は表面コートしていないLiCoO₂を用いた場合の結果を示しているが,界面付近においてCoが電解質側に拡散しており,界面構造の変化が示唆される。一方,(b)に示すLi₂SiO₃をコートしたLiCoO₂を用いた場合には,Coの拡散が抑制されている。

以上の結果から,LiCoO₂表面をLi₂SiO₃でコーティングすることによって,充電時における電極-電解質間における構造変化が抑制されていることがわかった。Li₂SiO₃コーティング層は電極と電解質の直接接触を防ぐバッファ層として機能しており,界面における構造変化の抑制が,界面抵抗低減の一つの要因であると考えられる。

図5には,電流密度 $6.4\,mA\,cm^{-2}$ における全固体電池 In/LiCoO₂ の放電曲線を示す。表面コーティングを行っていないLiCoO₂を用いた場合は,放電電位の低下のため作動が困難であるのに対して,酸化物をコーティングすることによって,より高い電位で放電が可能となった。またLi₂SiO₃をコーティングした場合は,SiO₂をコーティングした場合に比べて,より大きな放電容量 ($35\,mAh\,g^{-1}$) を示した。以上の結果から,リチウムイオン伝導性酸化物のコーティングが,全固体電池の高電流密度下における作動特性の向上に有効であることがわかった。

電池容量の増加を目的として,充電過程において,より高い電位でのカットオフを行った[13]。図6に,コーティングなし,SiO₂をコーティング,Li₂SiO₃をコーティングしたLiCoO₂を用いた全固体電池の初期充放電曲線を示す。充電カットオフ電位を4.6 V (vs Li)とし,作動電流密度 $0.13\,mA\,cm^{-2}$ で測定を行った。初期充電容量はそれぞれ120,160,190 mAh g⁻¹,放電容量は90,120,130 mAh g⁻¹ となった。一方,充電カットオフ電位が4.2 Vの場合の放電容量はそ

第 4 章　界面設計

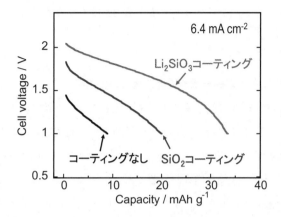

図5　電流密度 6.4 mA cm^{-2} における全固体電池 In/LiCoO$_2$ の放電曲線

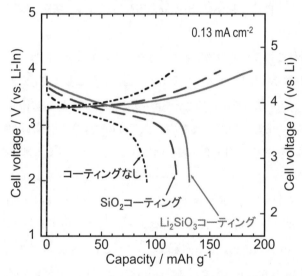

図6　電流密度 0.13 mA cm^{-2} における全固体電池 In/LiCoO$_2$ の初期充放電曲線
　　　充電カットオフ電位を 4.6 V（vs. Li）とした。

れぞれ 63, 70, 95 mAh g^{-1} であった[10]。よってカットオフ電位を 4.2 V から 4.6 V に増加することで，容量が大きく増加することがわかった。また，酸化物をコーティングした LiCoO$_2$ では，コーティングをしていない LiCoO$_2$ よりも高電位での放電が可能となり，より大きな放電容量が得られた。またサイクル特性は酸化物をコーティングすることによって向上し，Li$_2$SiO$_3$ をコーティングした LiCoO$_2$ を用いた電池では，50 サイクルの充放電後も 100 mAh g^{-1} 以上の容量を維持することがわかった。

　以上の結果より，LiCoO$_2$ への酸化物コーティングによって LiCoO$_2$ 電極－Li$_2$S-P$_2$S$_5$ 電解質

界面の抵抗を減少させることができ，より大きな電流密度やより高電位での全固体電池の作動が可能となることがわかった。

2.4 メカノケミカル法による電極—電解質ナノ複合体の構築

高出力化に加え，全固体電池の高エネルギー密度化も重要な課題である。全固体電池では，電極活物質と固体電解質の粉末を混合することで粒子同士が界面接触しており，その界面においてのみ電気化学反応が進行すると考えられる。よって電極活物質の利用率を向上させるためには，電極－電解質間の接触面積の大幅な増大が必要である。筆者らは，良好な電極－電解質固体界面の形成手法として，機械的エネルギーによって化学反応を進行させるメカノケミカル法に注目した。反応過程において電極活物質と固体電解質を同時に形成させることによって，電極活物質と固体電解質がナノレベルで複合化した材料の作製を行った。ここでは，メカノケミカル法を用いて作製した，NiS電極活物質とLi_2S-P_2S_5系固体電解質からなる電極－電解質ナノ複合体について述べる[14,15]。

図7にはナノ複合体を得るための反応スキームを示す。また図8には，様々な反応段階で得られた複合体(a)～(d)のX線回折パターンを示す。出発原料としてNi_3S_2およびLi_3Nの混合物を用い，遊星型ボールミル装置を用いてボールミル処理を行うことで，Ni-Li_2S複合体を得た(a)。この反応の最大のポイントは，Li_2Sの存在により，Niの粒子成長が抑制されてナノサイズのNiが得られることである。さらにNi-Li_2S複合体にSを加えボールミル処理を行うことで，NiS-Li_2S複合体を得た(b)。さらにLi_2SとP_2S_5のモル比が80：20になるようにP_2S_5を添加してボールミル処理を行うことで，NiS-SE複合体を得た(c)。ここでSE (Solid Electrolyte) は80 Li_2S・20 P_2S_5 (mol％) ガラスを指す。X線回折パターン(c)においてLi_2S結晶のピークが消失したこと，また^{31}P MAS-NMR測定から同組成のガラスとほぼ同じスペクトルが得られたことからNi-SE複合体が得られたと判断した。また，P_2S_5と適量のアセチレンブラック（AB）を同時に添加しボールミル処理を行うことで，NiS-SE-AB複合体を作製した(d)。

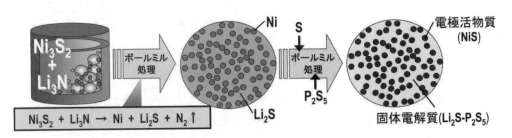

図7 メカノケミカル法を用いたNiS電極活物質とLi_2S-P_2S_5系固体電解質からなる電極－電解質ナノ複合体の反応スキーム

第 4 章 界面設計

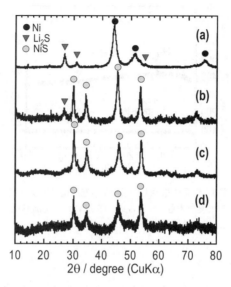

図 8 様々な反応段階で得られた複合体 (a) ～ (d) の X 線回折パターン
詳細は本文を参照のこと。

作製した NiS-SE 複合体粒子の SEM 像を図 9 (a) に示す。粒子径が 1 ～ 5 μm の粒子が得られたことがわかる。複合体粒子内部のナノ構造を調べるために，粒子断面の TEM 観察を行った結果を図 9 (b) に示す。high angle annular dark field (HAADF)-STEM 像の白色コントラスト部には Ni 元素が存在し，黒色コントラスト部は P 元素が多く存在することが，同じ領域における EDX 分析の結果から明らかになった。図 8 の結果をふまえて考えると，作製した NiS-SE 複合体中には，500 nm 以下の NiS 微粒子が $Li_2S-P_2S_5$ 系固体電解質マトリックス中に高分

図 9 NiS 電極活物質－80 Li_2S・20 P_2S_5 固体電解質ナノ複合体粒子の SEM 像 (a) および粒子断面の HAADF-STEM 像 (b)

次世代型二次電池材料の開発

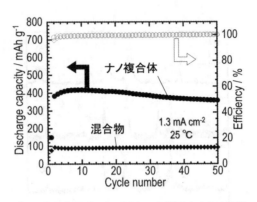

図10　全固体電池 Li-In/NiS の充放電サイクル特性
NiS 電極複合体としてはナノ複合体もしくは混合物を用いた。電流密度 1.3 mA cm^{-2}，カットオフ電位は 1.0～4.0 V（vs. Li）とした。

散していることがわかった。

　作製した NiS-SE-AB ナノ複合体を作用極として用い，80 Li$_2$S・20 P$_2$S$_5$ ガラスセラミックスを電解質に，Li-In 合金を対極に用いて全固体電池を作製し，充放電測定を行った。比較として，従来通りに NiS 粉末，SE 粉末，AB を乳鉢混合して得られた混合物を作用極に用いた全固体電池も作製した。図10には，比較的大きな電流密度である 1.3 mA cm^{-2} で，電位範囲 1.0～4.0 V（vs. Li）で作動させた全固体電池の充放電サイクル特性を示している。ナノ複合体を用いた電池は，混合物を用いた電池に比べてより大きな電池容量を示した。また 50 サイクルの間，充放電効率はほぼ 100 ％であり，約 360 mAh g^{-1} の容量を維持することから，良好なサイクル特性を示すことがわかった。以上の結果から，ナノ複合体では電極－電解質界面の接触面積が大きいために，NiS 電極活物質の利用率が増加して，高容量の全固体電池を得ることができたと考えられる。

　また筆者らは，電極－電解質間の接触面積を増大させる他の手法にも着目し，例えば硫化物ガラス電解質をガラス転移温度以上で軟化させることによって，ガラス電解質粒子と電極活物質粒子を融着させること[16]や，レーザーアブレーション堆積法を用いて，電極活物質粒子上に硫化物ガラス電解質薄膜を直接形成すること[17]によっても界面の改善に成功し，現在も研究を進めているところである。

2.5　おわりに

　硫化物固体電解質を用いた全固体リチウム二次電池の高出力化および高エネルギー密度化に向けた電極－電解質界面の構築手法について，筆者らの研究を中心に概説した。全固体電池の電極部分には電極活物質だけではなく，リチウムイオンや電子の伝導パスとなる固体電解質や導電助

第4章　界面設計

剤を付与した電極複合体が用いられる。よって粒径や形状に着目した電極複合体の作製が重要となる。特に電極－電解質界面の局所構造や接触面積が全固体電池の特性に大きく影響する。$LiCoO_2$電極と硫化物電解質間に酸化物薄膜をバッファ層として導入することが，全固体電池の高出力化を図る上で有効である。また NiS 電極－硫化物電解質ナノ複合体では，電極－電解質間の接触を大幅に向上させることが可能となり，NiS 電極活物質の利用率を増大させることができた。全固体電池のより一層の高性能化のためには，固体界面構造を基礎的に調べるだけでなく，新規な界面構築プロセスの開発が重要である。全固体電池における今後の研究の発展に期待する。

文　　献

1) T. Minami et al., *Solid State Ionics*, **177**, 2715 (2006)
2) M. Tatsumisago et al., *Funct. Mater. Lett.*, **1**, 31 (2008)
3) H. Kitaura et al., *J. Electrochem. Soc.*, **154**, A 725 (2007)
4) D. Larcher et al., *J. Electrochem. Soc.*, **150**, A 1643 (2003)
5) H. Kitaura et al., *J. Power Sources*, **183**, 418 (2008)
6) F. Mizuno et al., *J. Electrochem. Soc.*, **152**, A 1499 (2005)
7) F. Mizuno et al., *Solid State Ionics*, **177**, 2731 (2006)
8) N. Ohta et al., *Adv. Mater.*, **18**, 2226 (2006)
9) N. Ohta et al., *Electrochem. Commun.*, **9**, 1486 (2007)
10) A. Sakuda et al., *Electrochem. Solid-State Lett.*, **11**, A 1 (2008)
11) A. Sakuda et al., *J. Electrochem. Soc.*, **156**, A 27 (2009)
12) A. Sakuda et al., *Chem. Mater.* (2010) in press
13) A. Sakuda et al., *J. Power Sources*, **189**, 527 (2009)
14) A. Hayashi et al., *Electrochem. Commun.*, **10**, 1860 (2008)
15) Y. Nishio et al., *J. Power Sources*, **189**, 629 (2009)
16) 北浦弘和ほか, 第 33 回固体イオニクス討論会講演要旨集, p. 58 (2007)
17) 作田　敦ほか, 電気化学会第 76 回大会講演要旨集, p. 337 (2009)

第5章 構造設計

1 フレキシブルラジカルポリマー電池

小柳津研一[*1]，西出宏之[*2]

1.1 はじめに

携帯電話や音楽プレーヤなどの小型IT機器の利便性・多様性は，駆動電源の装着感や携帯意識を低減させると格段に高まるとの期待から，ペーパー電池や薄型太陽電池などフレキシブルな電池を指向した多様な材料研究が始まっている。新しい電極活物質であるラジカルポリマーを用いた高出力の有機ラジカル電池[1,2]は，高分子材料ならではの成型加工性を生かして薄型・フレキシブルな電源へ容易に展開できることを紹介する。

1.2 フレキシブル電池を指向した電極活物質

リチウムイオン電池のフレキシブル化は，正極側の酸化物にナノ構造を導入して柔軟性を高めることによって達成されている。例えば，銅ナノロッドへのFe_3O_4の電析[3]や，ウィルスを足場にコバルト酸化物ナノワイヤを得る方法[4]など，興味深い方法が報告されている。一方，有機系活物質はもともと柔軟性に優れ，セルロースとカーボンナノチューブの複合電極[5,6]など，いわゆるペーパー二次電池を目指した研究が行われている。

ポリアセチレン，ポリアニリン，ポリピロール，ポリチオフェン，ポリフェニレンなどの導電性高分子や，ジスルフィドなどの含硫黄化合物も古くから検討されているが，ドープ率の限界による低容量や電極反応速度が遅いことなどが問題点となって，実用化には至っていない[7~11]。非共役骨格にテトラチアフルバレン[12]，フェロセン[13,14]，カルバゾール[15,16]などのレドックス席がペンダント結合したレドックスポリマーも，フレキシブルな活物質の候補として検討されている。

1.3 ラジカルポリマー電極

有機安定ラジカル種は有機磁性[17~20]やメタルフリーな酸化還元メディエータとしての合成試薬，有機デバイスの電子・ホールの輸送材料として研究されている。われわれは，電極活物質を構成するレドックス席として，このような有機安定ラジカル種の多くが有用であることを報告してい

[*1] Kenichi Oyaizu 早稲田大学 理工学術院 准教授
[*2] Hiroyuki Nishide 早稲田大学 理工学術院 教授

第5章　構造設計

る[21~27]。NO原子上にラジカルが存在するニトロキシド，N上にあるトリアリルアミニウムやジフェニルピクリルヒドラジル，Oラジカルであるフェノキシやガルビノキシル，Cラジカルのトリチルやフェナレニルなどの有機安定ラジカル種を，非共役系主鎖の繰返し単位当たりにペンダント基として結合した「ラジカルポリマー」（図1）は，以下の理由で高容量・高出力かつフレキシブルな二次電池を構成しうる有機電極活物質となりうる。

① 有機安定ラジカル種は室温大気中で安定に存在し，電極反応速度定数が大きく（例えば2,2,6,6-テトラメチルピペリジン-1-オキシル（TEMPO）では$k_0 = 10^{-1}$ cm/s以上），電気化学的に可逆な酸化還元応答を与える[28,29]。活物質層内の電荷は，濃度勾配を駆動力としたラジカル席間のホッピングによって輸送され，自己電子交換の速度定数が大きいため（$k_{ex} = 10^{6~7}$ M^{-1} s^{-1}以上），迅速な充放電が可能である（図2）。

② 有機安定ラジカル種は，ポリメタ（ア）クリレート，ポリスチレン，ポリビニルエーテル，ポリエーテル，ポリノルボルネンなどのペンダント基として失活なく導入できる。酸化還元に伴う電荷補償イオンの物質移動は迅速・定量的かつ選択的（図3）で，活物質層の全てのレドックス席を有効利用できるため，CV波形は上下対称となり（図4），ポリマー当たり150 mAh/gに達する高容量物質も設計可能である。

③ ポリマー溶液のスピンコートなど簡便な湿式成膜により，表面ラフネスが数ナノメートル以下で膜厚制御した平滑層を集電体表面に塗膜できる。高分子量体や架橋構造の導入により電解質溶液への溶出を抑止すると，自己放電のない活物質が得られる。SQUIDにより算出したスピン濃度などから，光架橋反応によるラジカルの失活はほとんどないことが明らかになっている（図5）。

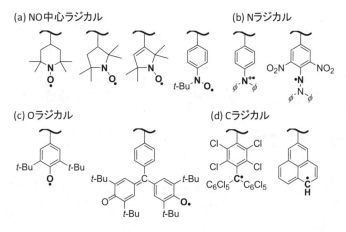

図1　ラジカルポリマーに用いられる有機安定ラジカル種の化学構造の例

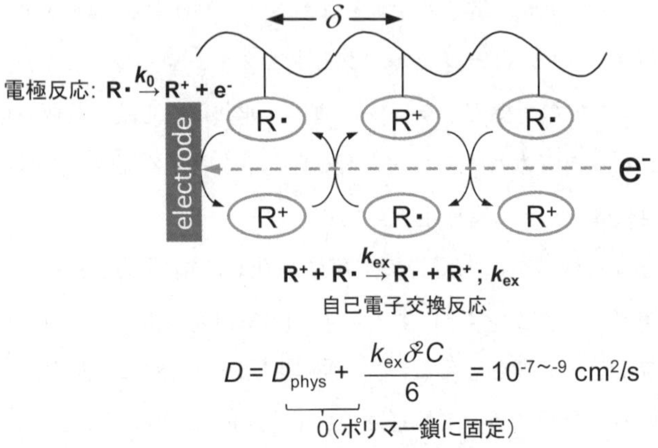
δ
電極反応: R・ $\xrightarrow{k_0}$ R⁺ + e⁻
electrode
R・
R⁺
e⁻
R⁺ + R・ $\xrightarrow{k_{ex}}$ R・ + R⁺ ; k_{ex}
自己電子交換反応
$D = D_{phys} + \frac{k_{ex}\delta^2 C}{6} = 10^{-7\sim-9}$ cm²/s
0（ポリマー鎖に固定）

図2　ラジカルポリマー膜の電荷輸送

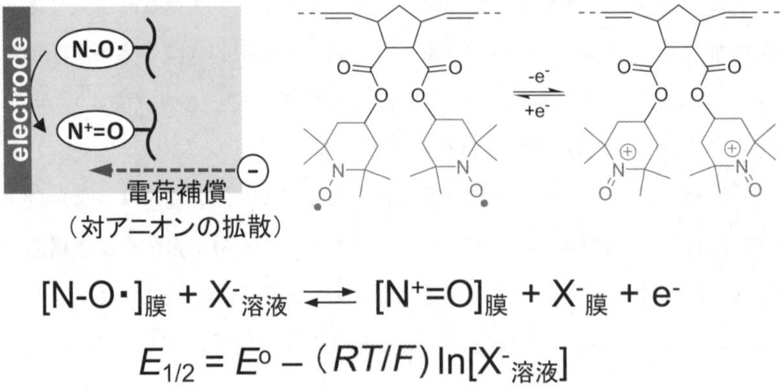
electrode
N-O・
N⁺=O
電荷補償
（対アニオンの拡散）
-e⁻
+e⁻
[N-O・]膜 + X⁻溶液 ⇄ [N⁺=O]膜 + X⁻膜 + e⁻
$E_{1/2} = E^{o} - (RT/F)\ln[X^{-}_{溶液}]$

図3　ラジカルポリマー膜の電解酸化に伴う物質移動

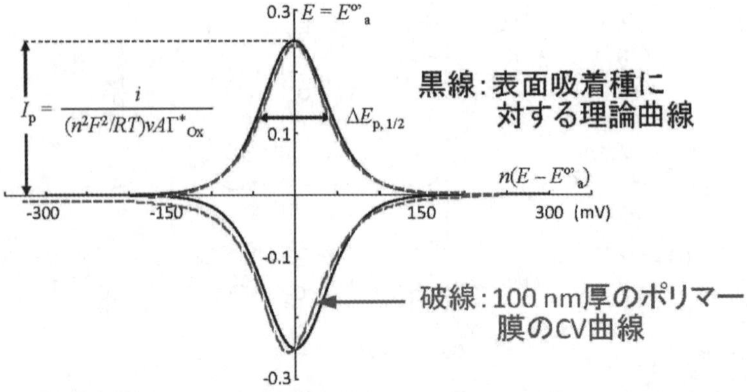
0.3
$E = E^{o'}_{a}$
$I_p = \frac{i}{(n^2F^2/RT)vA\Gamma^{*}_{Ox}}$
黒線：表面吸着種に対する理論曲線
$\Delta E_{p,1/2}$
0.1
$n(E - E^{o'}_{a})$
-300
-150
150
300 (mV)
-0.1
破線：100 nm厚のポリマー膜のCV曲線
-0.3

図4　ラジカルポリマー膜（図3）のサイクリックボルタモグラム

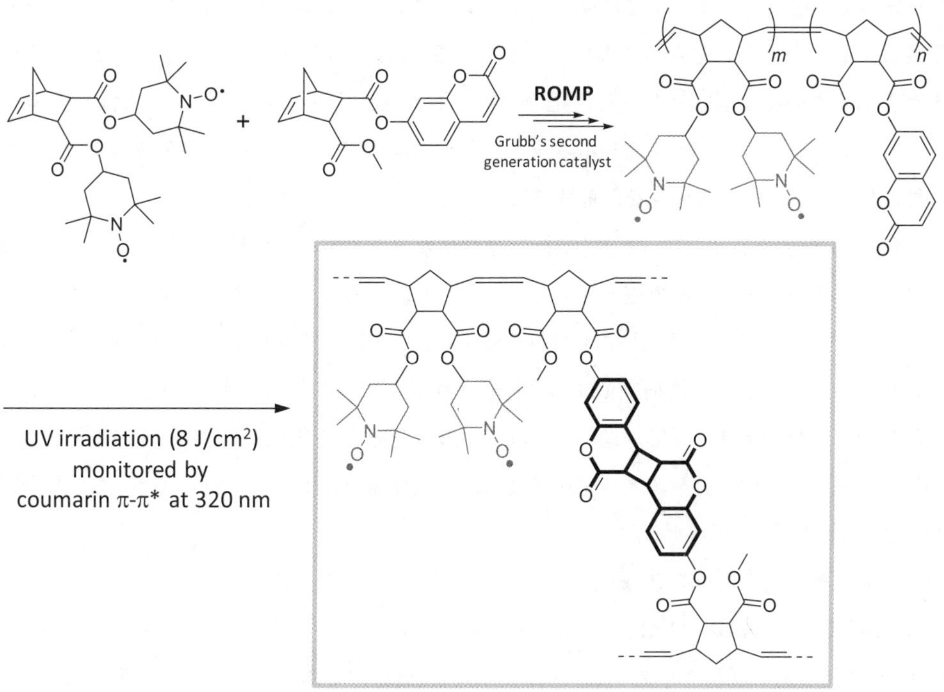

第 5 章　構造設計

図 5　ラジカルポリマーの光架橋の例

④　ラジカルポリマーは一般に非結晶状態であるため，電解液で容易に膨潤し，柔軟で透明な活物質層を形成する。充放電に伴う色調変化を残存容量のインジケータに利用できる。

⑤　アセトニトリルや炭酸プロピレン系の有機電解液に加え，水系電解質の使用も可能である。

1.4　フレキシブルラジカルポリマー電池

ポリ（2,2,6,6-テトラメチルピペリジニル-1-オキシ-4-イルメタクリレート）（PTMA）を例に，ポリマー合成からラジカル電池の作製および動作原理を説明する[30〜41]。PTMA は透明樹脂として知られるポリメタクリル酸メチル（PMMA）のメチル基を TEMPO ラジカルで置き換えた構造を有し，2,2,6,6-テトラメチルピペリジニルメタクリレートをラジカル重合した後，m-クロロ過安息香酸などで酸化すると収率高く得られる。ラジカルモノマーである 4-メタクロイル-2,2,6,6-テトラメチルピペリジニル-1-オキシルのアニオン重合によっても合成できる。

PTMA は分子量数万の橙色粉末として得られ，ESR スペクトルや SQUID 磁気測定より見積もられたラジカル濃度は，モノマー単位当たりほぼ 100 ％である。PTMA は非晶質ポリマーでガラス転移温度を有し，昇温するとゴム状になるなど，優れた成形加工性と接着性を有する。高温でも熱安定性を示し，10 ％熱重量減少温度は 262 ℃と高く，ニトロキシドラジカル自身もポ

リマー鎖の分解温度近くまで安定に存在する。室温大気下で1年以上大気中で保存してもラジカル濃度は全く減少せず，化学的に極めて安定である。直鎖 PTMA は乳酸エチルや DMF などの汎用有機溶媒に適度な溶解性を示し，電池の電解液（LiBETI や $LiPF_6$ などの電解質を含むエチレンカーボネート／ジエチルカーボネートなど）には不溶である。適切な架橋によっても溶媒親和性を保ちながら，不溶出性を調節することができる。

PTMA を正極活物質として，Li/C 負極と組合せたラジカル電池の構成を図6に示す。充電時は，リチウムイオンが負極側で還元されてドープされ，正極側ではラジカルがオキソアンモニウムイオンに酸化されてポリマー上に電荷が蓄積する。この際，電荷はラジカル席間の自己電子交換反応によって輸送され，電荷補償する電解質イオンが定量的にポリマー層内に取り込まれる。放電時はそれぞれ逆向きに反応が進行し，両者の酸化還元電位差（$\Delta E = 3.89$ V）に近い 3.66 V の電圧で発電する。理論質量エネルギー密度は，二酸化コバルト・リチウムイオン二次電池の約半分（250 Wh/kg）に相当する。

ラジカル正極の内部抵抗を低減し，ラジカルポリマー本来の性質を引き出すために，グラファイトや気相成長炭素繊維（VGCF）などの導電付与剤とバインダー（ポリフッ化ビニリデン（PVdF）など）を少量混合しスラリー状にした後，集電体であるアルミニウム箔上に塗布した複合正極を用いて，ラジカル電池の特性が詳しく調べられている。活物質当たりの放電容量は 110 mAh/g で，仕込まれた PTMA 量（繰返し単位当たりの式量に基づく理論容量 111 mAh/g）と一致する。これは PTMA が数十 nm 厚でも全てのラジカル部位が電極反応に関与できることによる。

また，出力特性が極めて優れていることも際立った特徴である。大電流密度 1 mA/cm² （10 C

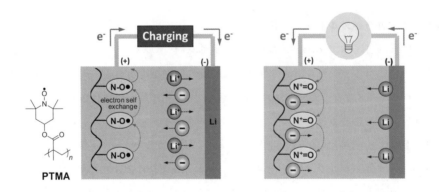

$[N^+=O] + X^-_{膜} + Li = [N\text{-}O\cdot] + X^-_{溶液} + Li^+$, $U = 3.66$ V

理論質量エネルギー密度 = $nFU/\Sigma(FW)$ = 250 Wh/kg （ただし X^- = PF_6^-）

図6　PTMA 正極とリチウム負極からなるラジカル電池

第 5 章　構造設計

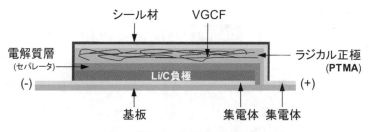

図 7　薄型ラジカル電池の構成例

に相当）での放電容量は 0.1 mA/cm² (1 C) 時の 90 ％以上であり，全容量を大電流で 2 〜 3 分の短時間で放電しても，1 時間かけてゆっくり放電したときの容量と電位が維持される。充電時間は，通常の大きさの電池であれば 1 分で充分である。ラジカル電池の大きな出力密度は，活物質の含有量や電極の組成・構成にも影響を受けるが，ラジカル分子の電極反応が極めて速いこと，非晶質ラジカルポリマーの膨潤性に基づいて電荷補償イオンの物質移動が容易で電荷拡散が効率高く行われることに由来している。金属リチウムに替えて炭素負極を用いると，従来のリチウム二次電池と同様に，電子授受に伴いリチウムイオンがグラファイト層間に挿入／脱離する。このようなリチウムイオンの還元析出のない系で，薄型電池（図 7）が試作・動作実証されている。

　NEDO による「先端機能発現型新構造繊維部材基盤技術の開発」（通称"ユビキタスパワープロジェクト"）では，PTMA／炭素繊維複合正極とリチウム系負極と組み合わせて薄型フレキシブルな有機ラジカル電池を試作し，実用化に向けた検討を重ねている。スクリーン印刷などの方法を用いて電極を連続プロセスで作成することができ，ラジカルポリマーと炭素繊維の複合構造の均一性を向上させることにより，出力密度 5 kW/L が達成されている。また，ラジカルポリマーと電解液の最適な組み合わせを選ぶと，高出力パルス放電の安定性が向上し，100 mA で 1 万回以上のパルス繰返し充放電が可能である。これらの電池特性の向上により，厚さ 1 mm 以下のコインサイズの薄型フレキシブルな二次電池で，1 A の大電流放電や 2 W の高出力特性が可能で，IC カード，電子ペーパー，アクティブ型 RFID タグなど，様々な小型 IT 機器の高出力電源として搭載できる見通しが立ってきている[42,43]。

1.5　フレキシブル化を指向した新型ラジカル電池

　正極活物質としてのラジカルポリマーは，電解液や温度などの作動条件を考慮して選択される。例えば，特定の電解質（イオン）と親和性の高いエーテル結合を含む主鎖骨格を選ぶと，充放電の速度が格段に向上する。フェノキシルやガルビノキシル置換ポリマー（図 1 (c)）とリチウム系負極の組合せは，フレキシブル化のみならず物質移動の観点からも興味深い電池構成である（図 8）。この場合，放電は正極側でラジカルポリマーが還元され，リチウム負極から溶出したリ

次世代型二次電池材料の開発

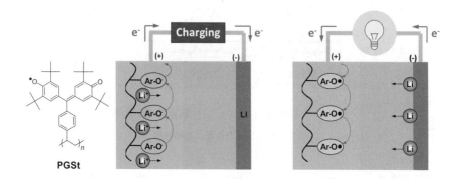

$$[\text{Ar-O·}] + \text{Li} = [\text{Ar-O}^-] + \text{Li}^+_{膜}, \ U = 3.16 \ \text{V}$$

理論質量エネルギー密度 $= nFU/\Sigma(FW) = 160$ Wh/kg

図8　ロッキングチェア型ラジカル電池

チウムイオンがポリマーを電荷補償することによって進行する。充電時は逆向きの反応が起こり，ポリマー側の負電荷の消費に合わせてリチウムイオンが放出され，負極側で還元される。したがって，充放電時にリチウムイオンのみが極間を移動する，いわゆるロッキングチェア型電池として動作する。ポリガルビノキシルスチレン（PGSt）を用いて，電流10Cでの充放電がリチウム負極に対し3.15Vの電圧で500回以上劣化なく観測されている。充放電に伴う電解質濃度変化がないため電解液を大幅に削減でき，また，電池反応に対アニオンが関与しないため原理的に高いエネルギー密度を達成可能である。

PTMAとPGStをそれぞれ正，負極に用いた電池の構成を図9に示す。充電時は，PTMAが

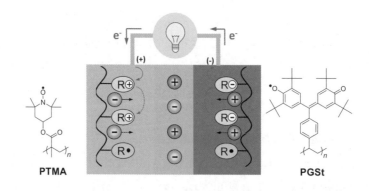

$$[\text{N}^+\!=\!\text{O}] + \text{X}^-_{膜} + [\text{Ar-O}^-] + \text{A}^+_{膜} = [\text{N-O·}] + \text{X}^-_{溶液} + [\text{Ar-O·}] + \text{A}^+_{溶液}, \ U = 0.66 \ \text{V}$$

理論質量エネルギー密度 $= nFU/\Sigma(FW) = 19$ Wh/kg（ただしAX $=$ LiPF$_6$）

図9　ラジカルポリマーを正・負極活物質とする全有機二次電池（放電過程）

第5章 構造設計

正極側でカチオンに酸化され，負極側では PGSt がアニオンに還元されてポリマー上に電荷が蓄積する。電荷補償する対イオンは，それぞれ定量的にポリマー層内に取り込まれる。放電時は逆向きに反応が進行し，両者の酸化還元電位差に対応する起電力 0.66 V で 250 サイクル以上にわたり顕著な容量低下なく発電することが明らかになっている。このような，有機ポリマーだけからなる全有機二次電池の特筆すべき特徴として，わずか 10 秒（360 C）でもほぼ全ての電池容量を取りきることが可能で，PGSt（薄黄）の充電時の着色（紺青）を残存容量のインジケータとして利用できるなど，薄型，（半）透明，フレキシブルな全有機二次電池ならではの新しい可能性が見出されつつある。

TEMPO の酸化還元は水中でも可逆性高く生起し，水系電解質でもラジカルポリマー膜の繰返し充放電が可能である。イオン半径の小さい Cl^- を電荷補償イオンとして用いると，1,200 C での瞬間的な放電（3 秒）も可能で，膜厚 $3\mu m$ を過ぎても酸化還元が定量的に生起するなど，さらなる高出力化だけでなく長距離電荷輸送材料としても興味深い知見が得られつつある。

1.6 おわりに

ラジカルポリマーを電極活物質とした有機二次電池は，優れた出力特性に加え，フレキシブル電池としてウェアラブルデバイスやアクティブ RFID タグのようなユビキタス社会を支える携帯電源として期待され，将来的にはプリンタブルエレクトロニクスとの融合による効率的な電池作成により，形状の自由度が高いペーパー電池，（半）透明電池など新しい蓄電デバイスの実現につながるものと考えられる。有機物ならではの高い安全性，廃棄処理の簡便さ，資源の制約がないなどの利点も有する。柔軟性を生かして電子機器の形状に自在に適合させることにより，体積エネルギー密度面での不利を補った用途開拓が期待される。

文　献

1) H. Nishide, K. Oyaizu, *Science*, **319**, 737-738（2008）
2) H. Nishide, T. Suga, *Electrochem. Soc. Interface*, **14**, 32-36（2005）
3) P. L. Taberna, S. Mitra, P. Poizot, P. Simon, J.-M. Tarascon, *Nature Mater.*, **5**, 567-573（2006）
4) K. T. Nam, D.-W. Kim, P. J. Yoo, C.-Y. Chiang, N. Meethong, P. T. Hammond, Y.-M. Chiang, A. M. Belcher, *Science*, **312**, 885-888（2006）
5) B. Scrosati, *Nature Nanotechnol.*, **2**, 598-599（2007）

6) V. L. Pushparaj, M. M. Shaijumon, A. Kumar, S. Murugesan, L. Ci, R. Vajtai, R. J. Linhardt, O. Nalamasu, P. M. Ajayan, *Proc. Nat. Acad. Sci.*, **104**, 13574-13577 (2007)
7) P. Novak, K. Muller, K. S. V. Santhanam, O. Haas, *Chem. Rev.*, **97**, 207-281 (1997)
8) P. Coppo, M. L.Turner, *J. Mater. Chem.*, **15**, 1123-1133 (2005)
9) J. Roncali, P. Blanchard, P. Frere, *J. Mater. Chem.*, **15**, 1589-1610 (2005)
10) J. Roncali, *J. Mater. Chem.*, **7**, 2307-2321 (1997)
11) J. Roncali, *Chem. Rev.*, **97**, 173-205 (1997)
12) F. B. Kaufman, A. H. Schroeder, E. M. Engler, S. R. Kramer, J. Q. Chambers, *J. Am. Chem. Soc.*, **102**, 483-488 (1980)
13) C. Iwakura, T. Kawai, M. Nojima, H. Yoneyama, *J. Electrochem. Soc.*, **134**, 791-795 (1987)
14) T. B. Hunter, P. S. Tyler, W. H. Smyrl, H. S. White, *J. Electrochem. Soc.*, **134**, 2198-2204 (1987)
15) R. G. Compton, F. J. Davis, S. C. Grant, *J. Appl. Electrochem.*, **16**, 239-249 (1986)
16) M. Skompska, L. M. Peter, *J. Electroanal. Chem.*, **383**, 43-52 (1995)
17) H. Murata, D. Miyajima, H. Nishide, *Macromolecules*, **39**, 6331-6335 (2006)
18) E. Fukuzaki, H. Nishide, *Org. Lett.*, **8**, 1835-1838 (2006)
19) T. Kaneko, T. Makino, H. Miyaji, M. Teraguchi, T. Aoki, M. Miyasaka, H. Nishide, *J. Am. Chem. Soc.*, **125**, 3554-3557 (2003)
20) H. Nishide, T. Kaneko, T. Nii, K. Katoh, E. Tsuchida, P. M. Lahti, *J. Am. Chem. Soc.*, **118**, 9695-9704 (1996)
21) Y. Yonekuta, K. Susuki, K. Oyaizu, K. Honda, H. Nishide, *J. Am. Chem. Soc.*, **129**, 14128-14129 (2007)
22) T. Suga, H. Konishi, H. Nishide, *Chem. Commun.*, **2007**, 1730-1732
23) T. Suga, Y.-J. Pu, S. Kasatori, H. Nishide, *Macromolecules*, **40**, 3167-3173 (2007)
24) K. Oyaizu, T. Suga, K. Yoshimura, H, Nishide, *Macromolecules*, **41**, 6646-6652 (2008)
25) Y. Takahashi, N. Hayashi, K. Oyaizu, K. Honda, H. Nishide, *Polym. J.*, **40**, 763-767 (2008)
26) H. Nishide, S. Iwasa, Y.-J. Pu, T. Suga, K. Nakahara, M. Satoh, *Electrochim. Acta*, **50**, 827-831 (2004)
27) T. Suga, K. Yoshimura, H. Nishide, *Macromol. Symp.*, **245-246**, 416-422 (2006)
28) Y. Yonekuta, K. Oyaizu, H. Nishide, *Chem. Lett.*, **36**, 866-867 (2007)
29) T. Suga, Y.-J. Pu, K. Oyaizu, H. Nishide, *Bull. Chem. Soc. Jpn.*, **77**, 2203-2204 (2004)
30) J.-K. Kim, G. Cheruvally, J.-W. Choi, J.-H. Ahn, D. S. Choi, C. E. Song, *J. Electrochem. Soc.*, **154**, A 839-A 843 (2007)
31) X. Zhang, H. Li, L. Li, G. Lu, S. Zhang, L. Gu, Y. Xia, X. Huang, *Polymer*, **49**, 3393-3398 (2008)

32) L. Bugnon, C. J. H. Morton, P. Novak, J. Vetter, P. Nesvadba, *Chem. Mater.*, **19**, 2910-2914 (2007)
33) M. Suguro, S. Iwasa, Y. Kusachi, Y. Morioka, K. Nakahara, *Macromol. Rapid Commun.*, **28**, 1929-1933 (2007)
34) H. Yoshikawa, C. Kazama, K. Awaga, M. Satoh, J. Wada, *Chem. Commun.*, **2007**, 3169-3170
35) T. Endo, K. Takuma, T. Takata, C. Hirose, *Macromolecules*, **26**, 3227-3229 (1993)
36) K. Nakahara, S. Iwasa, J. Iriyama, Y. Morioka, M. Suguro, M. Satoh, E. J. Cairns, *Electrochim. Acta*, **52**, 921-927 (2006)
37) J. Allgaier, H. Finkelmann, *Makromol. Chem., Rapid Commun.*, **14**, 267-271 (1993)
38) K. Nakahara, J. Iriyama, S. Iwasa, M. Suguro, M. Satoh, E. J. Cairns, *J. Power Sources*, **163**, 1110-1113 (2007)
39) K. Nakahara, S. Iwasa, M. Satoh, Y. Morioka, J. Iriyama, M. Suguro, E. Hasegawa, *Chem. Phys. Lett.*, **359**, 351-354 (2002)
40) K. Nakahara, J. Iriyama, S. Iwasa, M. Suguro, M. Satoh, E. J. Cairns, *J. Power Sources*, **165**, 398-402 (2007)
41) K. Nakahara, J. Iriyama, S. Iwasa, M. Suguro, M. Satoh, E. J. Cairns, *J. Power Sources*, **165**, 870-873 (2007)
42) http://www.nec.co.jp/press/ja/0512/0702.html
43) http://www.nec.co.jp/press/ja/0902/1302.html

2 三次元電池

金村聖志[*1], 寿 雅史[*2]

2.1 はじめに

　三次元電池とは，正極活物質と負極活物質が三次元的に配置された電池構造を有する電池のことを言う。これでは分からないので，まずは図1(a)に示したような普通の電池の構造を説明する。この電池では80μmの厚みの正極と50μmの厚みの負極と20μmのセパレーターが使用されている。リチウムイオン電池の反応は大きな電流を流した場合にはLi^+イオンの電解液中（セパレーター内部あるいは電極内に存在する空隙中の電解液）での拡散過程によって支配されている。拡散に起因した電池の抵抗は，電極の厚みやセパレーターの厚みの2乗に比例すると考えられる（ランダムウォークの理論）。したがって，電気自動車やハイブリッド自動車のように大きな電流を必要とする電池の場合，この厚みの電池では十分な電流を得ることができないために電池の構造を変更する必要がある。たとえば図1(b)のように電池の厚みを半分にして電池を

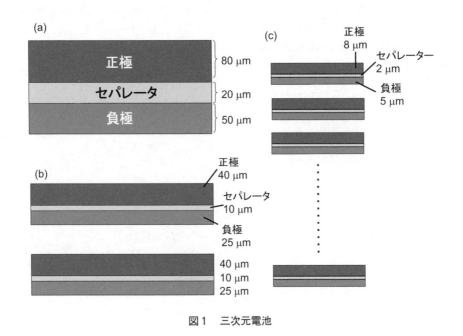

図1　三次元電池

[*1] Kiyoshi Kanamura　首都大学東京　大学院都市環境科学研究科　分子応用化学域　教授

[*2] Masashi Kotobuki　首都大学東京　大学院都市環境科学研究科　分子応用化学域　特任助教

作製すると，4倍の電流値の充放電が可能となる。しかし，電池の容量は半分となるので電池は2個必要となる。ここで，どんどん電池を小さくしていった場合にどうなるのか。図1(c)のような場合を考える。この場合，電池のサイズはかなり小さくなっており，同じ容量とするために電池の数もかなり多い。厚みが全て1/10で，面積は1/100とする。電池の数は1,000個とすると，充放電が行える電流値は100倍となる。念のため，もう一度記述するが，電池が1,000個あるので同じ容量を得ることができる。小さな電池をインテグレートして大きな電池を効率よく作製できれば，優れた電池ができ上がることが分かる。しかし，電池には集電体などの他の部材も必要であるので，電池の構造を良く考えて作製しないと結果的にエネルギー密度が小さな電池ができてしまう。

2.2 三次元電池の構造

三次元電池でいつも問題になるのが集電体である。最小限の集電体で簡単に電池を作るには図2のような構造が提案されている。円柱状の電極を2つ組み合わせ，可能な限り近づけて電池を作製すれば，たくさんの電池を一気に作製したのと同じことになる。あるいは，壁のような電極を2つ作製しても同じような電池を作製できる。三角柱でも六角柱も同じような電極群を作製できるであろう。このようにして三次元電池を作製することができれば，小さな電池群を一気に作ることができるのである。さて，どの程度の大きさの電池を作製すれば，優れた電池を作製することができるのか。これを知るためには，電池活物質の正確な電気化学的特性を知る必要がある。

2.3 単粒子測定による活物質自身の評価

図1(a)の電池においては，電極が完全に活物質のみから形成されているように描いたが，実際にはそうではなく，活物質，粘結剤，導電剤などから構成されており，多孔質な電極となって

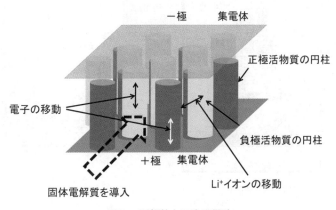

図2　理想的な三次元電池

いる。このような電極を用いて電気化学的な測定を行うと，電極に浸透している電解液中のLi$^+$イオンの拡散が大きな影響を及ぼし，活物質自体の電気化学的な特性を測定することは難しい。そこで，重要となるのが電解液の影響を除去した測定である。そのような測定として単粒子測定がある[1]。

　図3に単粒子測定の装置図を示す。マイクロ電極により，粒子1個から電気的なリードをとっている。粒子の周りには電解液が存在する。また，粒子1個に流れる電流を測定するので，電流値が非常に小さく，電解液中の拡散の影響は小さくなる。また，電解液中でのオーム損による影響も限りなく小さくできる。電流値は，通常1～100 nAの大きさであり，微小電流による測定である。この方法を用いて充放電曲線を得ることで，いくつかの電気化学的なパラメーターを求めることができる。図4に黒鉛粒子を用いて測定した結果を示す。電流値は3～3,000 nAまでの電流値で充放電を行った結果である。ここで，3 nAは40分で充放電が行える電流値であり，3,000 nAは2.4秒で充放電が行える電流値である。この測定に用いた粒子の大きさは約20 μmである。この結果より，粒子の大きさが60 μmより小さければ，電気自動車で必要とされる36秒での充放電が可能であることが分かる。同様の測定を正極活物質について行うと，数十 μm以下の大きさであれば，36秒での充放電が可能となることが分かる。もちろん，活物質に依存して，この大きさは異なるが，LiCoO$_2$の場合，直径約20～30 μmである。したがって，電気自動車などの大電流を必要とする用途の場合，三次元電池の円柱状の電極あるいは壁状の電極の厚みは20～60 μm程度となることが分かる。壁型の電極の場合について大きさを考慮した電池の構造を描き直すと図5のようになる。このような電池を作ることができれば，高速な充放電と高

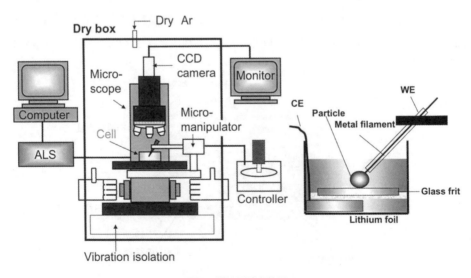

図3　単粒子測定装置

第 5 章　構造設計

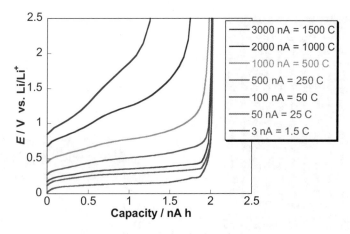

図 4　黒鉛粒子の単粒子測定結果

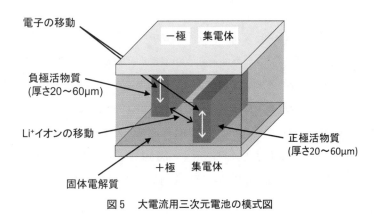

図 5　大電流用三次元電池の模式図

いエネルギー密度を兼ね備えた電池の作製が可能となる．問題は，どのような方法で作製可能かである．

2.4　三次元電池の作製

　三次元電池の作製とは少し異なるが，櫛形電極を用いた電池の作製を紹介する[2,3]．図 6 は金電極からなる櫛形電極の光学顕微鏡写真である．この電極群の一方に正極活物質を，他方に負極活物質を乗せることができれば，図 7 に示すような電池を作製することができる．電極の高さが，$20\mu m$ 以上あれば，三次元電池が構成される．この電池では，金櫛形電極が集電体として機能している．活物質の充填方法には，いろいろな方法が考えられるが，ここではゾル・ゲル法を用いて行った電池について述べる．正極活物質として $LiMn_2O_4$ を，負極活物質として $Li_4Ti_5O_{12}$ を用いた電池である．両者の活物質はゾル・ゲル法を用いて作製することができる．ゾルは溶液

次世代型二次電池材料の開発

図6　櫛型電極

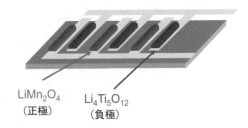

図7　櫛型マイクロ電池の模式図

状態であるので，金電極の上にコーティングすることが可能である。一種の印刷技術であるマイクロインジェクション法を用いてコートすることができる。図8にゾルをコートし，ゲル化した状態を示す。このゲルを焼成することでセラミックスを得ることができる。図9は，700℃で焼成し得られた電極である。金電極上にそれぞれの活物質がコートされていることが分かる。この電極群の間に固体電解質を挿入することで，全固体電池を作製することができる。ここでは，高分子固体電解質を用いて電池を作製した例を示す。図10はポリエチレンオキサイドとポリスチレンからなる共重合体を用いた高分子固体電解質を利用して作製した電池の充放電曲線を示して

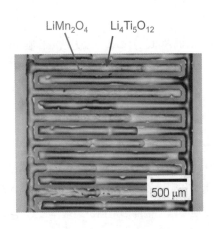

図8　マイクロエマルジョン法を用いて電極活物質をコートした櫛形電極

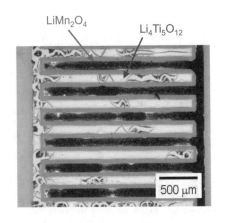

図9　電極活物質コート後，焼成した櫛形電極

第5章　構造設計

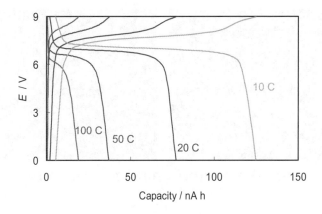

図10　櫛形全固体電池の充放電曲線

いる。充放電は十分に可能であり，この電池が機能していることが分かる。電極部分の高さは，この電池においては1μm以下であり，三次元電池ということはできないが，電極部分の高さを高くすることで，三次元電池となる。

　電極を高くするには，何らかの工夫が必要となる。上述のゾル・ゲル法では限界がある。そこで，一つの考え方として，鋳型を作製しその中で電極形成を行い，より高い電極の作製を行う方法がある。たとえば，現在リチウムイオン電池の負極材料として注目されているSn-Ni合金を作製する方法について述べる[4]。円柱状のSn-Ni合金電極の作製には円柱状の孔が空いた構造の鋳型を用いる。図11に示したものが，鋳型となるもので，高分子材料からなる。この鋳型を利用してめっきにより合金を作製した後に，高分子材料を溶解することで円柱状の電極を作製することができる。あるいは，この孔の中に正極活物質あるいは負極活物質を充填することでも同じような電極を作製することができるであろう。鋳型を用いて充填する手法は，三次元電池用の電極を作製する上で，優れた方法である。図12に多孔質なSn-Ni合金電極を円柱状に作製した

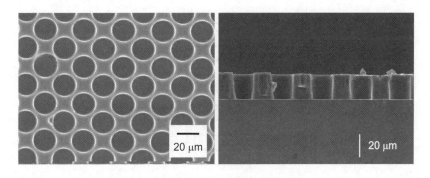

図11　円柱状電極作製用鋳型のSEM写真

 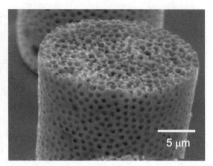

図12　鋳型を用いて作製した円柱状多孔質 Su-Ni 合金電極

例を示す。規則的な配列で円柱状の電極が作製されていることが分かる。この電極構造と同じ構造の正極活物質からなる電極があれば，図2に示したような構造を有する電池を作製することができる。

　高分子固体電解質を用いる場合には電極を最初に作製し，それから電解質を導入することができるが，セラミックス系の固体電解質を用いる場合には最初に電解質を作製する方法が好ましい。すなわち，電解質の形状は複雑にはなるが，図13のような形状で作製した後，その孔内部に電極を後から導入する方法である。円柱状の空孔が両方の単面から空いており，ただし空孔は一方の面で閉じている形状の電解質が交互に配列したものである。この空孔内に一つおきに正極活物質と負極活物質を導入することで三次元電池の作製を行うことができる。空孔内部に活物質を充填する場合，空孔の大きさが数十μm程度であるので，活物質のナノ粒子あるいは前駆体であるゾルが必要となる。電解質部分の作製には，セラミックスの成形技術が重要となりMEMSや光造形法などの手法を用いることが可能であろう。ゾルを空孔内部に導入して電解質と活物質とを接触させ，界面を形成することが必要となるが，この界面積が小さい場合，電池のインピーダンスが大きくなり，十分な特性を得ることができない[5]。例えば，図14には異なる2種類のゾ

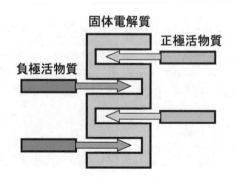

図13　セラミックス固体電解質を用いた三次元電池

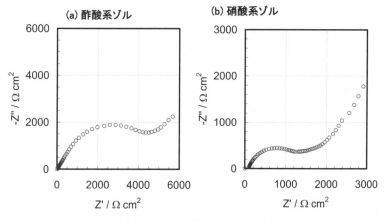

図14 異なるゾルを用いて作製した電極のインピーダンス

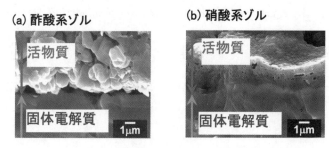

図15 異なるゾルを用いて作製した電極の SEM 写真

ルを用いて界面形成を行った場合のインピーダンスプロットを示す。ゾルを作製する場合の主成分として酢酸塩あるいは硝酸塩を用いた場合の結果である。この両者を比較すると明らかに硝酸塩を用いた場合に電池全体のインピーダンスが低減されていることが分かる。図15には固体電解質界面の状態を電子顕微鏡で観察した結果を示す。両者の写真を比較すると明らかに酢酸塩を使用した場合の界面接合状態よりも硝酸塩の場合の方が優れていることが分かる。この界面接合状態の違いにより大きく電池のインピーダンスが異なることが理解される。

2.5 三次元電池の発展

三次元電池の構造はこれまでの電池の構造とは大きく異なるために，その製造プロセスが重要となる。このことは欠点でもあるが，新しい電池を生み出す上で長所ともなる。この構造を上手に作ることができれば，より無駄のない空間の利用が可能となり，電池のエネルギー密度は同じ材料を使用したとしても大きくなる。また，固体電解質の低いイオン伝導性をカバーした電池の作製が可能であり，電池の固体化を促進できる。このことは，さらなる電池のエネルギー密度向

上につながる。加えて，固体電池は可燃性物質を使用しないため，安全性の観点からも非常に有益である。したがって，電池を構成する上で，正極，セパレーター，負極の三段積みしかなかった電池の世界が大きく変貌する可能性を有しており大変興味深い。

文　献

1) Kaoru Dokko, Natsuko Nakata, Kiyoshi Kanamura, *Journal of Power Sources*, **189**, 783-785（2009）
2) J. Hamagami, K. Hasegawa, K. Kanamura, *Key Engineering Materials*, **320**, 171-174（2006）
3) J. Hamagami, K. Hasegawa, K. Kanamura, *Key Engineering Materials*, **301**, 243-246（2006）
4) K. Nishikawa, K. Dokko, K. Kinoshita, S-W. Woo, K. Kanamura, *J. Power Sources*, **189**, 726-729（2009）
5) Y. Suzuki, H. Munakata, K. Kajihara, K. Kanamura, Y. Sato, K. Yamamoto, T. Yoshida, *ECS Transactions*, **16**(26), 37-43（2009）

第 2 編

金属―空気電池材料の開発

第1章　空気極カーボン材料

林　政彦*

1　はじめに

　金属空気電池の正極である空気極（ガス拡散型酸素電極）では，放電時に，空気中の酸素を活物質とする電気化学的還元反応が進行する。また，充電の場合，逆反応である酸素の発生反応が進行する。これまで，金属空気電池は，一次電池としての利用が主であったが，リチウムイオン電池を凌駕する非常に大きなエネルギー密度が注目され，二次電池としての利用も期待されている。また，電解質としては濃アルカリ水溶液が主に用いられてきたが，近年，非水電解液を用い，負極として金属リチウムを用いるリチウム空気電池[1~4]の開発も開始されている。空気極に用いられるカーボン材料は，導電助剤としてだけでなく触媒の担体としても機能するため，電池出力や放電特性などの電池性能を決定する上で非常に重要な役割を有している。

　本稿では，金属空気電池を一次電池または二次電池として使用する場合に，空気極材料であるカーボン材料に求められる役割や特性などについての概要を記すとともに，近年，研究が開始された非水電解質系空気電池における空気極中のカーボン材料の概要についても記す。

2　空気極の構造および三相界面

　一般的な空気極の構造を，図1(a)に示す。空気極は，図に示すように，ガス供給層と反応層（もしくは触媒層）から構成される二層構造が採用される場合が多い。空気に接するガス供給層は，カーボンおよびバインダーからなり，反応層にスムーズにガスを供給する役割を有する。また，反応層も，基本的にはカーボンおよびバインダーからなる。しかし，放電時の酸素還元反応および充電時の酸素発生反応に対する過電圧が非常に大きいため，電池の出力低下や充電電圧の増大がしばしば引き起こされる。そこで，反応層に，貴金属や金属酸化物などの電極触媒を添加することが多い。電極反応は，図1(b)に示すような固相（カーボンまたは触媒）−液相（電解液）−気相（酸素）が互いに接触する三相界面で進行する。そのため，カーボンの表面積や濡れ性などの諸性状は，三相界面の形成に大きく影響する。

＊　Masahiko Hayashi　日本電信電話㈱　NTT環境エネルギー研究所　研究主任

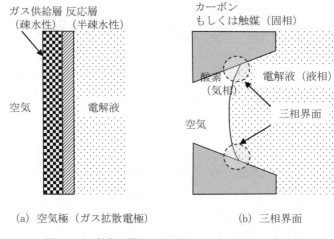

(a) 空気極（ガス拡散電極）　　　(b) 三相界面

図1　ガス拡散型電極の断面図および三相界面の概念図

2.1　反応層中のカーボン材料

二層構造からなる空気極の反応層は，酸素還元反応を担うため電池の高性能化の上で重要である。酸素の電気化学的還元は，以下の反応式で示される。

$$O_2 + 2H_2O + 4e^- = 4OH^- \quad E_0 = 0.40 \text{ V vs. NHE} \quad (1)$$

$$O_2 + H_2O + 2e^- = OH^- + HO_2^- \quad E_0 = -0.065 \text{ V vs. NHE} \quad (2)$$

カーボン上では，基本的に(2)式の過酸化水素イオンが生成する酸素の2電子還元しか起こらないことが回転リングディスク（RRDE）電極法により確認されており，それ以上に電気化学的に還元されることはない[5]。カーボンの有する2電子還元活性は，電池の高出力化という点では不十分であり，更なる特性向上が必要である。また，生成した過酸化水素イオンは，カーボンを酸化し腐食を引き起こすことがよく知られている。そこで，(1)式の4電子還元を優先的に進行させる触媒，もしくは，生成した過酸化水素イオンを分解する能力を有した触媒の添加が必須である。

反応層に高表面積カーボンを用いることによって，電極触媒の分散度が向上するとともに，カーボン自体も導電助剤としてだけでなく2電子還元活性を有する触媒としても作用し，電極の活性が向上する。また，反応層に用いられるカーボンは，三相界面を形成するために，図1(b)に示すように，電解液とも接し，酸素も電極中に供給されなければならず，完全な疎水性ではなく，ある程度の親水性を示す半疎水性と呼ばれる濡れ性を有していなければならない。このような三相界面が反応層中に多数形成されることによって，電極の活性は大きく向上する。そのため，上述したように，反応層中に用いるカーボンは，半疎水性で粒子径が小さく高表面積なものが望ましい。このように，反応層中のカーボンは一般的な電池に用いられる導電助剤としてだけでなく，

第1章 空気極カーボン材料

電極の濡れ性をコントロールし，自身が触媒として作用し，かつ触媒を高分散させる触媒担体としての機能も有し，電池性能を決定する上でキーとなる材料である。

2.2 ガス供給層中のカーボン材料

ガス供給層は，電解液の漏出を防止し，スムーズに反応層にガス（酸素）を運ぶ役割を有する。また，大気中の水分が空気極を通過し，電池内に取り込まれることによって電解液の濃度を低下させることを防止することも望まれる。そのために，ガス供給層に用いるカーボンとしては，粒子が粗大でガスの拡散を妨げず，強い疎水性を有することによって電解液の漏出や大気からの水分の混入を抑止する特性を有していることが望まれ，低表面積のアセチレンブラックが用いられることが多い。

本稿の主旨から逸脱するが，空気電池の長期の安定作動のために重要なので，空気中のCO_2の影響について以下に記す。上述したようなガス供給層は，空気中のCO_2を除去する能力はなく，CO_2が電池内部に取り込まれることによって，下記の反応によりアルカリ（KOH）電解液の性能低下の原因となる[6]。

$$2 KOH + CO_2 \rightarrow K_2CO_3 + H_2O \tag{3}$$

(3)式の炭酸塩の生成は，電解液の導電性低下だけでなく，反応層中のカーボンの細孔に炭酸塩が析出し，酸素還元反応の進行を妨げると考えられている。そのため，ガス供給層に空気を流通させる前に，空気の前処理をソーダライムなどのCO_2吸収剤やフィルターを用いたり，反応層にK^+とCO_2の反応を抑制するためのアニオン交換膜を付与することによって[7]，長期安定性の改善がなされている。

3 空気電池用カーボン材料と電気化学特性

3.1 反応層用カーボン材料の概要

電池材料として用いられるカーボンは，グラファイト（黒鉛），活性炭，カーボンブラックの3種類が挙げられる。これら3種のカーボンは，製造方法，粒子の結晶性・大きさ，表面処理の有無などによって区別される。空気電池の空気極材料としては，カーボンブラックが一般的に広く用いられている。本節では，電池性能に大きく影響すると考えられる反応層用カーボン材料に着目することとする。

カーボンブラックは，ほぼアモルファス状の炭素質からなり，比表面積が最大で$1,000 \text{ m}^2/\text{g}$（BET比表面積）程度の微粒子であることを特徴とする。その構造は，図2に示すように，複数

次世代型二次電池材料の開発

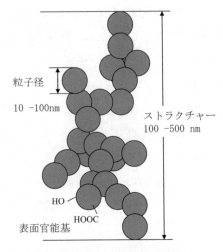

図2　カーボンブラックの構造

の球状カーボン粒子が融着しストラクチャーと呼ばれる凝集体を形成している。ストラクチャーを形成している個々の球状粒子を，実際は連鎖状に結合しているものの，1個の単一粒子と見なして，粒子径を定義している。このようなストラクチャーの発達具合は，比表面積や導電性などの電池にとっても重要なファクターに大きく影響を及ぼす。カーボンブラックは，製造プロセスや原料によって，表1のように分類される[8]。電池材料としては，オイルファーネスブラックやアセチレンブラックが用いられることが多い。しかしながら，同一種のカーボンブラックであっても，粒子径などの物性値は大きく異なるため，商品名で表記されることが多い。表2に，カーボンブラックを電池材料に用いる場合に重要な性状と，その代表的な評価手法を示す。これらの

表1　カーボンブラックの分類

反応プロセス	分類名	原料
不完全燃焼	オイルファーネスブラック	原油
	ガスファーネスブラック	天然ガス
	チャンネルブラック	天然ガス
	ランプ（油煙）ブラック	石炭，重油
熱分解	サーマルブラック	天然ガス
	アセチレンブラック	アセチレン

第1章 空気極カーボン材料

表2 カーボンブラックの重要な物性と評価手法

物性	代表的な評価手法
結晶性	X線回折（XRD）測定
粒子径	XRD測定，透過型電子顕微鏡（TEM）観察，走査型電子顕微鏡（SEM）観察
ストラクチャー	TEM観察，SEM観察，DBP[a]吸収量測定
表面積	BET比表面積測定，ヨウ素吸着量測定，CTAB[b]吸着量測定
細孔分布	水銀圧入（水銀ポロシメーター）法
濡れ性	接触角測定
表面官能基	pH測定，滴定法，ガスクロマトグラフ
嵩密度，真密度	液体置換法

a：Di-butyl phthalate（可塑剤）
b：Cetyl Tri-methyl Ammonium Bromide（界面活性剤）

物性値において，例えば比表面積が粒子径および細孔分布と密接な関係があるように，電池の特性と表に示す種々のカーボンブラックの物性値とは，複合的に影響を及ぼし合うものと考えられる。空気電池の空気極用カーボンブラックとしては，ファーネスブラックであるKetjen Black EC 600 JD (Ketjen Black Int. Co., Ltd.)やVulcan XC 72 (Cabot Corp.)などを用いた報告[9～11]が多い。

3.2 酸素還元特性とカーボン材料の性状との相関

カーボンブラック粒子の内部は，グラファイト状の多数の微結晶子から構成されており，一般的に結晶性は低い。図3に，グラファイトとカーボンブラックの粉末XRDパターンを示す。図3から分かるように，高結晶性カーボンに特徴的な（002）ピークは，カーボンブラックでは，ブロードで低角度側にシフトしている。このような低結晶性が，カーボンブラックがナノサイズの微粒子かつ高表面積であるという特徴に寄与し，結果として優れた（2電子）酸素還元特性を示していると考えられる。しかしながら，(2)式で示すような，2電子還元により生成した過酸化水素によるカーボンの腐食は，低結晶性のカーボンほど著しく，安定性の面では問題がある。

兵頭ら[12]は，12種類のカーボン材料（グラファイト，カーボンブラック，活性炭）を用いてPTFE結着型ガス拡散型酸素電極を作製し，9 mol/l NaOH電解液中での酸素還元活性の評価を行い，カーボンの諸性状との相関を明らかにしている。図4[12]に，一定電位（E＝－185 mV vs. Hg/HgO）での酸素流通下で得られる電流密度値で示した電極性能と反応層に用いたカーボンのBET比表面積の相関を示す。図より，カーボンの比表面積と電極性能とは，大まかな比例関係を有していることが分かる。このことは，比表面積が大きなカーボンほど，酸素還元の活性

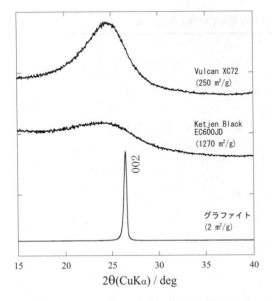 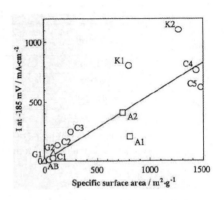

図3 グラファイトおよびカーボンブラックのXRDパターンおよびBET比表面積

図4 電極性能とカーボンの比表面積との相関[12]

サイト（三相界面）が多数生成し，優れた電極性能が得られることを示している。また，高活性なカーボンとしてKetjen Black EC 600 JD，Black Pearl 2000 (Cabot Corporation)，#3950 B（三菱化学㈱）が挙げられているが，この中でもKetjen Blackが，粒子表面がある程度グラファイト化されているため，過酸化水素に対する耐腐食性があることが報告されている。

また，彼らは，代表的な6種類のカーボン材料について，空気極と同組成のカーボンとPTFEの混合物の細孔分布測定を行っている。電極性能に細孔分布が与える影響について，細孔径が0.2μm以下の空隙を一次孔，0.2μm以上の空隙を二次孔と定義することによって考察を行っている。その結果を，図5[12]に示す。図より，二次孔と電極性能に相関が見られないのに対し，一次孔と大まかな比例関係が存在することが分かる。よって，カーボン上の酸素還元反応は，0.2μm以下のより微細な細孔が活性サイトとなり進行していることが示唆されている。

以上のように，空気極の特性は，カーボン材料の比表面積や細孔分布などの性状に大きく依存することが分かった。よって，高性能な空気極を作製するためには，高表面積でナノサイズの細孔を有するカーボンを使用することが肝要であると考えられる。

3.3 二元機能（酸素還元・酸素発生）特性とカーボン材料の性状との相関

空気電池を二次電池として使用し，充電を行う場合，空気極では酸素還元の逆反応として酸素発生反応が起こる。酸素発生時の大きな過電圧を低減するために，二元機能触媒や高表面積カー

第1章　空気極カーボン材料

ボンが使用される。カーボンは，酸素還元反応に対しては，過酸化水素による腐食が見られるものの，比較的安定に作動することが可能である。しかしながら，高表面積カーボンは，アノード酸化に対して耐性が低く，充電時に著しく腐食され電解液中に溶出し，電解液は茶色に着色する。このような腐食は，低結晶性の高表面積カーボンブラックほど傾向が顕著であり，前節で取り上げたような酸素還元に高活性な高表面積カーボンブラックを，充電にそのまま使用することは困難である。

そこで，Miuraら[13]は，二元機能触媒としてMn-Fe系ペロブスカイト型酸化物 $Pr_{1-x}Ca_xMn_{1-y}Fe_yO_3$ と，カーボン材料として熱処理によって結晶（グラファイト）化が進んだアセチレンブラックCA-200（電気化学工業㈱，BET比表面積 $230\ m^2/g$）を用いて，空気極の二元機能特性の検討を行っている。その結果，亜鉛空気二次電池の安定した作動を達成している。しかしながら，電池の最高出力密度は，Ketjen Blackなどを用いた場合よりも，著しく低下しており，二次電池としての作動には，このように出力などの電池特性に関してのデメリットが生じる。なお，このような問題を解決するために，空気電池の二次電池化には，放電済みの亜鉛などの金属極を新規の金属極と交換するメカニカル充電方式が採用されることが多い[14]。

以上のように，低表面積カーボンを用いる空気電池の二次電池化は，出力などに関して電池性能の低下を引き起こす。そこで，空気極用カーボン材料については，空気電池の使用形態（例えば，一次電池 or 二次電池）によって最適な選択を行うことが重要である。

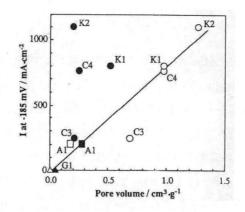

図5　電極性能とカーボンとPTFEの混合物の細孔容量との相関[12]
　　○，△：$0.004\ \mu m <$ 細孔径(d) $< 0.2\ \mu m$
　　●，▲：$0.2\ \mu m < d < 7.5\ \mu m$

4 カーボン材料の非水電解液中での酸素還元特性

4.1 リチウム空気電池の概要

　負極に金属リチウムを用いるリチウム空気電池は，他の金属空気電池よりも，高電圧・高エネルギー密度であるため，近年，新型電池として注目を集めている。

　リチウム空気電池は，従来型の空気電池のように負極金属の全てが放電反応により消費されて放電が終了するのではなく，下記に示すような反応により，空気極に酸化リチウムまたは過酸化リチウムが析出し空気極の細孔を覆ってしまうことにより放電反応が終了すると考えられている。

$$4\,Li + O_2 \rightarrow 2\,Li_2O \quad E_0 = 2.91\,V \tag{4}$$

$$2\,Li + O_2 \rightarrow Li_2O_2 \quad E_0 = 3.10\,V \tag{5}$$

　充電においては，空気極上に析出した酸化リチウムが，Liイオンと酸素ガスに分解する。このような電極反応については，まだ未解明な部分が多く，その析出機構については議論が続いている。また，電極反応としては，酸素の4電子反応である化学式(4)の方が，電池の高性能化の上では望ましく，これらを制御する触媒の開発が進められている[2]。

　リチウム空気電池に用いられる空気極は，反応層のみの一層構造の報告例が多く，今後の研究の進展により二層構造などに発展していくと予想される。空気電池の正極反応である酸化リチウムの析出もしくは分解は，カーボン上で起こるため，カーボン表面の性状が重要なファクターであると予想される。

4.2 種々のカーボン材料を空気極に用いたリチウム空気電池の電気化学特性

　筆者らは，リチウム空気電池の空気極用カーボン材料として，カーボンブラック，グラファイト，活性炭などの14種類のカーボン材料を検討した。なお，活性炭は，同一の出発材料を用いているものの，アルカリ賦活の処理時間によって比表面積が異なる3種類の材料を用いた。カーボンの基本的な特性を明らかにするために，空気極は，カーボンとPTFEバインダーのみで作製した。図6に，種々のカーボン材料（一部を抜粋）を用いたリチウム空気電池の放電曲線を示す。なお，放電容量は，カーボン重量当たりの値で規格化した。図6(a)より，いずれの放電曲線も，空気電池に特有な平坦な電圧領域を示し，最大で約1,000 mAh/gの大きな放電容量を示した。放電容量は，使用するカーボンによって大きな差異が見られた。図より，放電容量はカーボンの比表面積に比例する傾向にあることが分かる。また，このような傾向は，図6(b)に示すように，活性炭においても顕著であり，活性炭の比表面積の増大につれて放電容量は増加していることが分かる。このようにリチウム空気電池は非常に大きな放電容量を示すものの，図6に示

第 1 章　空気極カーボン材料

(a) カーボンブラックおよびグラファイト

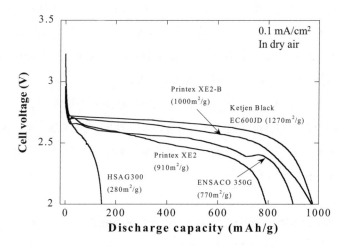

(b) アルカリ賦活活性炭

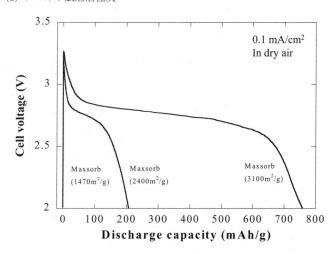

図 6　リチウム空気電池の放電曲線

括弧内はカーボンの BET 比表面積
正極：カーボン＋ PTFE，負極：金属リチウム
電解液：1 mol/l LiPF$_6$/炭酸プロピレン（PC）
HSAG 300, ENSACO 350 G (TIMCAL Ltd.), Printex XE 2 および XE 2-B (Evonik Degussa GmbH),
Ketjen Black EC 600 JD (Ketjen Black Int. Co.), Maxsorb (関西熱化学㈱)

すように，0.1 mA/cm^2 という低電流密度放電にもかかわらず，過電圧は非常に大きく，開回路電圧からの電圧降下は著しい。このようなレート特性の改善には，空気極へ添加する高活性触媒の開発が必須である。以上の結果より，空気極用カーボン材料としてファーネスブラックである Ketjen Black EC 600 JD，Printex XE 2，Printex XE 2-B や活性炭である Maxsorb 3100 な

143

どの高表面積カーボンを用いた場合に、空気電池は大放電容量を示すことが分かった。

本電池を、2.0-4.5Vの電圧範囲で充放電試験を行ったところ、いずれのカーボンを用いた場合でも、充放電サイクルによって著しい放電容量の減少が見られた。例えば、Ketjen Black の場合で、3 サイクルで約 70％の容量減少が、最も良好な特性を示した Maxsorb 3100 においても、3 サイクルで約 30％の容量減少が確認された。Ogasawara ら[2]は、EMD（電解二酸化マンガン）触媒を用いることにより、50 サイクルで 50％の容量維持を達成している。しかしながら、触媒の添加によりサイクル特性は向上しているものの依然として充放電による容量減少は大きいため、今後、劣化機構を解明し、より高活性な触媒や二次電池に適したカーボン材料の開発により特性向上を達成することが期待される。

4.3 非水電解質中での酸素還元特性とカーボンの性状との相関

図 7 に、種々のカーボン材料を用いた空気電池の初回放電容量とカーボンの比表面積の相関を示す。図より、カーボンブラックおよびグラファイトを用いた電池の放電容量と比表面積は大まかな相関が見られる。また、アルカリ賦活活性炭は、ミクロンサイズのカーボン粒子を、水酸化カリウム水溶液中に浸漬することによって表面の粗度の向上により粒子の多孔性が増加し比表面積も増大している。図より、アルカリ賦活活性炭も、他のカーボンと傾向が異なるものの、放電容量と比表面積は大まかな比例関係が見られる。これらの結果より、カーボン表面において三相界面が生成することによって酸素還元（酸化リチウム析出）反応が進行するため、両者に相関性が見られると考えられる。なお、アルカリ賦活活性炭は、粒径がミクロンサイズであり、ナノレ

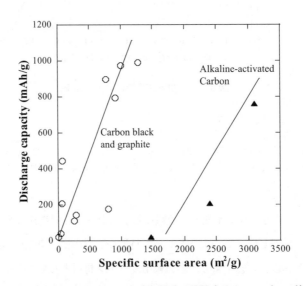

図7　種々のカーボン材料を用いたリチウム空気電池の放電容量とカーボンの比表面積との相関

第1章　空気極カーボン材料

ベルの粒子径を有するカーボンブラックなどと比較して非常に大きいため，導電性や電極中でのガス拡散性に差異が生じ，他のカーボンと異なる依存性が発現したと考えられる。

　カーボン表面の活性サイトについての詳細な知見を得るために，カーボンの細孔分布測定を水銀圧入法により行った。図8に，カーボンの細孔分布測定より求めたメソポア（細孔径：2〜50 nm）およびマクロポア（50 nm以上）に対する細孔体積と空気電池の放電容量の相関を示す。図より，放電容量は，マクロポア体積と依存性が見られないのに対し，メソポア体積とは大まかな比例関係が見られる。これは，活性サイトであるカーボン－電解液－酸素の三相界面が，メソポアに代表されるカーボンのナノサイズの微細構造内に形成されることを示していると考えられる。

　次に，カーボン電極の濡れ性が電極性能に及ぼす効果について言及する。図9に，水系電解液を用いた場合の知見を基にして一般的に考えられているカーボン電極の濡れ性と電極性能との相関について示す。なお，空気極に用いられるカーボン電極の濡れ性は，カーボン自体の濡れ性や疎水性が強いPTFEバインダーの混合量によって決定される。図に示すように，カーボン電極の濡れ性が小さい場合，電極に電解液が浸透できずに活性サイトが形成されないため反応は進行しない。逆に濡れ性が大きい場合，電解液が浸透し，多数の活性サイトが形成されるため高い電極性能を示す。しかしながら，濡れが徐々に進行し電極が完全に濡れてしまった場合，酸素ガスの供給が阻害されるため活性は著しく低下する。このように，電極の濡れ性は，疎水性と親水性のバランスを適切に制御することが重要である。

　カーボン電極の濡れ性を，電極上に極少量の有機電解液（1 mol/l LiPF$_6$/PC）を滴下し，光学顕微鏡を用いて接触角を直接測定することにより評価した。図10に，種々のカーボン材料を

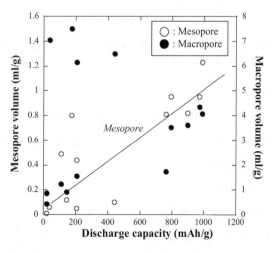

図8　種々のカーボン材料を用いたリチウム空気電池の放電曲線とカーボンの細孔体積との相関
メソポア：2 nm ≦ D < 50 nm，マクロポア：50 nm ≦ D

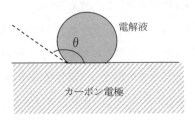
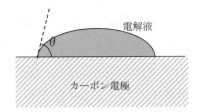

図9　カーボン電極の濡れ性と電極性能との相関

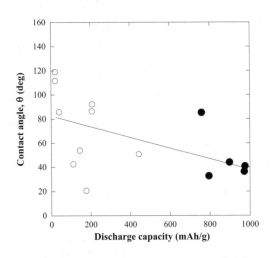

図10　カーボン電極の電解液（1 mol/l LiPF$_6$/PC）に対する接触角と放電容量との相関
●：700 mAh/g 以上の放電容量を示すカーボン電極

用いた空気電池の放電容量と上記の手法で求めた接触角との相関を示す。なお，図6の測定において放電容量が大きいカーボン材料を用いた電極については，特に黒丸印でプロットした。図より，明確な相関ではないが，接触角が小さい，つまり濡れやすいカーボン電極が，大きな放電容量を示す傾向にあることが分かる。これは，図8で示した濡れ性に関する一般的な傾向と一致する。今後，これらの高活性電極の濡れ性が適切な領域にあるのかを確認するために，電極の長期的な安定性についても検討する必要があると考えられる。なお，カーボン電極の有機電解液に対する濡れ性は，別途の測定により，水に対する場合と比較して，接触角が小さく濡れやすいことを確認した。しかしながら，濡れ性に関するカーボン電極の序列は，水の場合と同様の傾向を示

した。この結果は，水系電解質で得られた濡れ性に関する知見が，有機電解液の場合でも活用できることを示している。

　以上より，種々のカーボン材料の性状が，リチウム空気電池の電気化学特性に与える影響については，水系電解液の場合と同様に，比表面積や細孔分布が非常に重要なファクターであることが分かった。これらの結果は，今後，リチウム空気電池用空気極に用いるカーボン材料の設計指針の確立のために非常に重要な知見となるであろう。

5　おわりに

　金属空気電池の正極である空気極に用いられるカーボン材料は，電池の高性能化を達成するために，非常に重要な電極構成材料である。上述したように，具体的にはナノサイズの細孔を有し，かつ高表面積であるカーボンブラック材料が正極材料として適している。しかしながら，二次電池の場合では，高表面積カーボンは腐食により著しく劣化するため，低表面積のカーボンしか用いることができず，電池性能も低下する。このように一次電池と二次電池とでは，求められるカーボンの性状は，全く相反しており，電池材料構成の決定には非常に困難を伴う。また，近年注目されている非水電解液を用いるリチウム空気電池についても，水系と同様に高表面積カーボン材料が有望な材料であることが分かった。しかし，二次電池として用いる場合の非水電解液中でのカーボンの安定性については，まだ不明な点が多く，今後の開発の進展が待たれる。

　以上のように，空気電池用正極材料として求められるカーボンの特性は，空気電池の種類や充電の有無などの条件により左右されるため，性状が異なる多種多様なカーボン材料の中から，最適な材料を選択することは非常に困難な作業である。しかしながら，空気電池の特性改善のためには，高性能カーボン材料の開発は必須であり，電極触媒の開発と並行し，今後も着実に進めていく必要がある。

文　　献

1) K. M. Abraham, Z. Jiang, *J. Electrochem. Soc.*, **143**, 1 (1996)
2) T. Ogasawara, A. Debárt, M. Holzapfel, P. Novák, P. G. Bruce, *J. Am. Chem. Soc.*, **128**, 1390 (2006)
3) 蓑輪浩伸，林　政彦，高橋雅也，正代尊久，電気化学会第76回大会講演要旨集，3P21, pp.

382 (2009)
4) 林　政彦, 蓑輪浩伸, 高橋雅也, 正代尊久, 電気化学会第76回大会講演要旨集, 3 P 22, pp. 383 (2009)
5) 三浦則雄, 清水陽一, 山添　昇, 日本化学会誌, **1986**, 751 (1986)
6) J. F. Drillet, F. Holzer, T. Kallis, S. Müller, V. M. Schmidt, *Phys. Chem. Chem. Phys*., **3**, 368 (2001)
7) 藤原直子, 八尾　勝, 妹尾　博, 城間　純, 五百蔵　勉, 安田和明, 第49回電池討論会講演要旨集, 2 F 08 (2008)
8) 炭素材料学会編, 改定　炭素材料入門, pp. 175 (1984)
9) M. Ladouceur, G. Lalande, D. Guay, J. P. Dodelet, *J. Electrochem. Soc*., **140**, 1974 (1993)
10) H. Arai, S. Müller, O. Haas, *J. Electrochem. Soc*., **147**, 3584 (2000)
11) M. D. Koninck, S. Poirier, B. Marsan, *J. Electrochem. Soc*., **153**, A 2103 (2006)
12) 兵頭健生, 清水陽一, 三浦則雄, 山添　昇, 電気化学, **62**, 158 (1994)
13) N. Miura, M. Hayashi, T. Hyodo, N. Yamazoe, *Materials Science Forum*, **315-317**, 562 (1999)
14) J. Goldstein, I. Brown, B. Koretz, *J. Power Sources*, **80**, 171 (1999)

第2章　負極材料

1　鉄／ナノ炭素複合負極

江頭　港*

1.1　金属－空気二次電池負極の概要

　金属－空気電池は負極に金属の酸化還元反応を，正極に空気中の酸素の酸化還元反応を利用した電池で，一次電池としては負極に亜鉛を用いたものがすでに補聴器用電源として実用化されている。正極を電池内に充填しないため，理論容量およびエネルギー密度が現行の電池で最大になると期待され，二次電池化について多くの検討がなされている。

　金属－空気二次電池において，負極金属は電池電圧，容量，サイクル特性，セル構成などを決める要因となる。むしろ負極金属が異なる金属－空気電池は，全く異なる系であると考えてもよいであろう。金属－空気電池の二次電池化には多くの課題が残されているが，負極側においては最適な金属種もいまだ見い出されていない状況にある。負極として提案されている金属には，本稿で概説する鉄（Fe）および一次電池で負極として用いられている亜鉛（Zn）の他にも，リチウム（Li），アルミニウム（Al）などを例として挙げることができる。

　亜鉛（Zn）は以下の充放電反応により負極として作動する。両極の電位差として算出される空気電池の理論電圧は約 1.6 V となり，負極の理論容量は下式から約 890 mAh g^{-1} となる。

$$Zn \rightleftharpoons Zn^{2+} + 2e^-$$

　亜鉛負極は一次電池の負極としては極めて優れた特性を示すが，上記の充放電反応は析出溶解過程であるため，二次電池に使用するとデンドライトによるサイクル劣化が問題となる。

　リチウム（Li）は全金属中で最も酸化還元電位が低く，1電子当たりの等量が小さいため，空気電池の理論電圧は約 4.2 V，理論容量は 3,880 mAh g^{-1} といずれも最大値を示す。しかしながら，リチウムは空気中の水分と反応し失活するため，電解質（固体電解質以外は困難であろう）には空気極と金属極を完全に隔離する役割を負わせることとなり，この系の実現は非常に困難であることが想定される（詳しくは別項を参照されたい）。アルミニウム（Al）も基本的には同様の問題を抱えることとなる。

---

*　Minato Egashira　山口大学　大学院理工学研究科　准教授

こうした中で，鉄（Fe）は比較的良好な充放電特性およびサイクル性が期待されるため，従来より金属－空気二次電池の実現に向けて多くの検討がなされてきた。次項にて鉄負極の特性および二次電池への問題点を概説する。

1.2 鉄－空気二次電池についての概説

鉄（Fe）のアルカリ水溶液中での酸化還元過程は，下記の反応式で記述されることが多い。

$$Fe(0) \rightleftharpoons Fe(II) + 2e^- \qquad E^0 = -0.891 \text{ V vs. SHE}$$

亜鉛などと異なり，鉄の酸化物あるいは水酸化物はアルカリに難溶のため，上記の酸化還元過程は析出溶解を含まない固相反応となる。上記の反応式に従えば，理論容量は960 mAh g^{-1}，期待されるセル電圧は約1.2 V となり，到達できる最大エネルギー密度は約1.3 kWh kg^{-1} となる[1~5]。

上記ではFe(II)と記述したが，鉄は2価と3価のいずれも比較的安定であり，酸化還元電位も近いことから，実際の酸化過程および生成物は複雑なものとなる。図1に鉄負極の典型的な充放電曲線の模式図を示す。鉄電極は水素発生過電圧が小さいため，還元（充電）過程ではFe(II)→Fe(0)に加え水素発生が観測される。酸化（充電）過程ではしばしば複数の平坦部が観測され，還元過程との電位差が生じる。電池に置き換えれば，充電電圧と放電電圧に0.2 V 程度の差が生じることとなる。この鉄電極の充放電過程での最大の問題は，通常の鉄電極を用いる場合，先に述べた理論容量に対して1/10程度の容量しか得られない点である。

鉄－空気二次電池は早くから電気自動車用電源として注目され，1970年代から80年代初頭にかけて，数kWh～数十kWhクラスの試作セルがSwedish National Development，ドイツのジーメンス社，および松下電池などから提案された[1~3]。いずれの試作セルにおいてもエネルギー密度が期待されるより低く，これは主に鉄の利用効率が低いことに起因するものとされる。

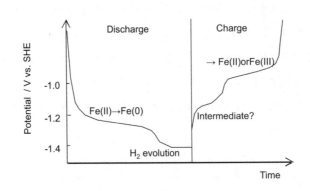

図1　鉄電極の充放電過程の模式図

第2章　負極材料

1.3　鉄－ナノ炭素複合負極の設計および特性[6～10]

　図2(a)に鉄電極の放電時の状態を模式的に示す。先に述べたように鉄電極の充放電は固相反応で進行するため，放電（酸化）過程において鉄の酸化生成物が堆積し電極表面を被覆する。表面がこうした酸化生成物ですべて覆われると，反応はそれ以上進行しない。また，多くの場合酸化生成物は電子伝導性が低く，粒子全体が絶縁され以降の充放電に関与しないこととなる。鉄電極の利用効率向上のためには，図2(b)に示すように鉄粒子径を小さくして電解液との接触面積を増やすこと，および電子伝導のためのパスを形成することが重要であると予想される。以前検討されていた鉄－空気電池においては，電界還元鉄を電極とすることにより，電極の有効表面積が確保されている。さらに電子伝導パスを構築する目的で，近年筆者らを含むいくつかのグループにおいてナノ炭素との複合化が試みられている。ここでは筆者の経験を中心として，鉄－ナノ炭素複合電極の設計および電気化学特性を紹介したい。

　炭素は電子伝導性を示す材料の中では安価，軽量で化学的に安定であるため，電池電極の導電補助材として古くから用いられてきた。リチウムイオン電池の導電補助材としてカーボンブラックの一種であるアセチレンブラック（AB）が広く用いられているが，これは数十ナノメートル程度の粒子状構造から構成され，一種のナノ炭素として扱うことができる。あるいは気相成長炭素繊維（VGCF）なども，現行の二次電池添加材として用いられる物は繊維径200 nm程度でナノ炭素と呼ぶには若干大きいものの，複合化により導電補助効果が期待できる。さらにここでは，近年盛んに合成研究が進められているカーボンナノファイバー（CNF）も適用した。CNFは製法などによって種々の構造をとることが知られているが，ここでは繊維軸方向にある程度沿って黒鉛網面が配向している"tube"型，および繊維軸方向と垂直に黒鉛網面が積層している"platelet"型の2種を用いた。図3に"tube"型および"platelet"型の構造モデルを示す。こうしたナノ炭素の複合効果の初期的検討として，市販の鉄粉と重量比1：1で機械的に混合して複合電極を作成（テフロンバインダーを10 wt％混練して成型）し，アルカリ水溶液中での電気化学特性を評価

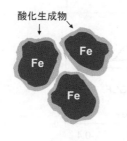
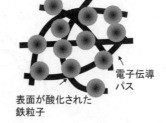

(a) 通常の鉄粒子電極　　(b) 理想的な複合電極

図2　鉄電極の放電状態の構造モデル

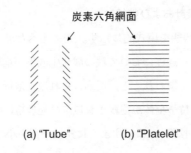

(a) "Tube"　　(b) "Platelet"

図3　カーボンナノファイバーの構造モデル

した。

　鉄と種々のナノ炭素(比較として黒鉛も用いた)との1:1複合電極のアルカリ水溶液中でのサイクリックボルタモグラムを,図4にまとめて示す。いずれのボルタモグラムにおいても-1.0 V vs. Hg/HgO付近にFe(II)→Fe(0)の還元過程に,$-1.0 \sim -0.6$ V vs. Hg/HgO付近にFe(0)からFe(II)あるいはFe(III)への酸化過程に,それぞれ帰属されるピークが観測される。こうした鉄の酸化還元電流の増幅に関して,ナノ炭素の種類により効果に相違が見られる。中でもtube型のCNFおよびABなどは,比較的顕著な酸化還元電流増幅効果を示している。ナノ炭素の代表径や形状のみならず,表面の状態やナノ粒子の凝集状態の違いが,上記の効果に影響する傾向がうかがえた。この複合電極による酸化還元過程では,サイクルごとに充放電電流が増大する傾向が観測された。こうしたサイクリックボルタモグラムの測定後の電極について分析を

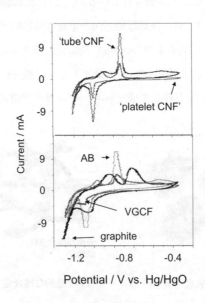

図4　種々の鉄/ナノ炭素複合電極のサイクリックボルタモグラム

第2章　負極材料

行ったところ,炭素表面に鉄が高分散に担持されている様相が観測された。鉄電極は酸化状態においても基本的にアルカリ水溶液中に難溶ではあるものの,酸化還元過程において局所的に少量溶解し,炭素表面に再析出しているものと推測される。上記の酸化還元電流の増幅効果が大きいナノ炭素上には鉄の担持がより進行していることから,上記の効果の少なくとも一端は,鉄の再析出による表面積増大が寄与しているものであろう。

　上記のようにナノ炭素の表面に微粒子化した鉄が析出しているような状態は,ちょうど図2(b)に類似の状態であると思われ,このような複合構造が実際に有効であることが推測される。より図2(b)の状態に近い複合構造を形成するため,酸化鉄FeO_xを種々のナノ炭素上に担持させFeO_x/C複合電極を調製した。この段階では,まずナノ炭素上に前駆体として$Fe(NO_3)_3$を水溶液から含浸し,それを熱処理することによりFeO_xを担持させた。この担持法ではFeO_xの担持量が制限を受け,50 wt%程度ほどが最大である。電子顕微鏡観察では,ナノ炭素の種類に依存するものの,概して数十 nm 程度のFeO_x微粒子がナノ炭素上に高分散に担持されている様相を確認した。FeO_xの担持量50および20 wt%で複合電極を調製し,電気化学特性の評価を行った。サイクリックボルタンメトリーでは,FeO_x/C複合電極は上記の Fe/C 混合電極に比較して,Fe 含有量が低いにもかかわらず大きな酸化還元電流が得られた。Fe 種の微細化と高分散化の効果が大きいことがうかがえる。ナノ炭素の種類としては,この場合も tube 型の CNF を用いた場合に比較的良好な特性が得られた。

　図4のようなサイクリックボルタンメトリーによる評価に際しても,水素発生過程が還元側 −1.2 V vs. Hg/HgO 付近で観測される。同様の反応はFeO_x/C電極の評価時にも見られる。水素発生過程は充放電効率を低下させ,あるいは電極特性の低下につながるため,抑制する必要がある。水素過電圧の増大には,電解液あるいは電極への微量の硫化物イオンの添加が有効であることが知られている。上記の複合電極の評価において,電極および電解液に種々の硫化物の添加を試みたところ,特に電極への PbS や FeS などの添加により水素発生が抑制された。

　上記の種々の鉄／ナノ炭素複合電極につき,実際の二次電池系での挙動に近い定電流での充放電特性も検討した。Fe：tube-CNF 重量比を 2：8 として調製したFeO_x/tube-CNF 電極にて,電極に添加剤として FeS あるいは PbS を混合した系において,鉄の単位重量に対して最も高い容量が得られた。初期容量は 500 mAh g^{-1} を超えており,従来検討された中では高い鉄の利用効率を示した。この系の電極では,サイクルによる容量劣化が著しい点が問題である。また,鉄の含有率が少ない場合,複合電極全体としては容量増大につながらない点もこの系の課題である。

　複合電極中のナノ炭素量の低減については,ナノ炭素の分散性を向上させることによる改善効果が期待される。筆者らはナノ炭素の分散方法として超音波分散の適用を試みた。上記の複合方法では顕著な効果が見られなかった VGCF に超音波分散前処理を施し,鉄に対する混合量を 5

wt%に低減したFe/VGCF複合電極を調製した。比較としてABを同様に用いた。超音波分散における分散媒や分散時間を種々に変え，電極特性に及ぼす効果を検討した。

図5に未処理およびエタノール中で30 min，120 min超音波分散したVGCFを，それぞれ鉄と混合して調製したFe/VGCF複合電極の初期サイクルでのサイクリックボルタモグラムを示す。図4と同様の鉄の酸化還元電流ピークが観測されるが，ピークの大きさはVGCFの分散処理により異なっている。未処理のVGCFを用いた場合に比べ，超音波分散処理を施したVGCFを用いることにより大きなピーク電流が得られている。しかしながら，分散時間については30 min分散したものが120 min分散したものに比べ大きなピークを示し，分散時間には最適値があることを示唆している。これらの複合電極の走査型電子顕微鏡（SEM）像を図6に示す。VGCFは未処理の状態では，繊維が互いに絡み合って数mm程度の大きさの二次粒子を構成しており，その状態で鉄と複合している。超音波処理により，その絡み合いが解け分散度が向上しているが，分散時間が短いものでは絡み合いの解消が十分ではなく，かえって伝導パスを供給しつつ電解液の浸透する空隙を確保する構造をとるものと推測される。分散溶媒の種類も電極特性に影響し，VGCFではアセトンよりエタノールを適用することにより電極特性が向上した。一方でABの場合では，エタノールに比べアセトンを用いるほうが電極特性に向上が見られた。用いるナノ炭素の表面構造などにより溶媒への親和性が異なり，それが分散効果に影響するものと見られる。これらの結果のように，用いるナノ炭素の種類により超音波分散溶媒，分散時間を変化させることで，ナノ炭素のネットワーク構造を制御できる点は非常に興味深い。定電流法による評価では，未処理のVGCFを用いたFe/VGCF複合電極の放電容量が100 mAh g^{-1}程度であったのに対し，エタノール中で30 min超音波分散させたVGCFを用いたものでは170 mAh g^{-1}

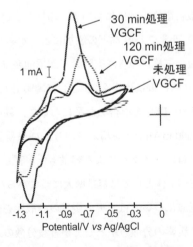

図5 種々の超音波処理を施したVGCFを用いたFe/VGCF電極のサイクリックボルタモグラム

第2章　負極材料

(a) VGCFの超音波分散なし

(b) VGCFを30 min超音波分散

図6　Fe/VGCF電極のSEM像

程度まで放電容量の向上が見られた。わずか5 wt％のみ含まれるナノ炭素の分散状態の制御により，このような顕著な容量向上効果が見られる点は特筆すべきであろう。

ここで示すように，鉄負極に適切なナノ炭素を適切な方法で複合することにより，鉄の利用効率を大幅に向上させることが可能である。現在多様な種類のナノ炭素が世に出ているが，より好ましいナノ炭素の選択，あるいは複合法のさらなる検討により，容量やサイクル効率はさらに向上するものと期待できる。また，鉄の充放電反応には不明な点が多く，実用に供することのできる電池系への展開にはこの点の解明も必須となろう。

文　　献

1) J. F. Jackovitz, and G. A. Bayles, in D. Linden, T. B. Reddy (eds.), Handbook of Batteries, Chap. 25.5, McGraw-Hill, New York (2002)
2) B. Scrosati, in C. A. Vincent, B. Scrosati, (eds.), Modern Batteries, p. 292, Wiley, New York (1997)
3) 藤田雄耕, "金属－空気電池", 松田好晴, 竹原善一郎編, 電池便覧, pp. 312-316 (1990)
4) K. Vijayamohanan, A. K. Shukla, S. Sathyanarayana, *J. Electroanal. Chem.*, **289**, 55 (1990)

5) M. Jayalakshmi, B. Nathira, V. R. Chidmbaram, R. Sabapathi, V. S. Muralidharan, *J. Power Sources*, **39**, 113 (1992)
6) B. T. Hang, M. Egashira, I. Watanabe, S. Okada, J.-I. Yamaki, S.-H. Yoon, *J. Power Sources*, **143**, 256 (2005)
7) B. T. Hang, T. Watanabe, M. Egashira, I. Watanabe, S. Okada, J.-I. Yamaki, *Electrochem. Solid-State Lett.*, **8**, A 476 (2005)
8) B. T. Hang, T. Watanabe, M. Egashira, I. Watanabe, S. Okada, J.-I. Yamaki, *J. Power Sources*, **150**, 261 (2005)
9) B. T. Hang, S.-H. Yoon, S. Okada, J.-I. Yamaki, *J. Power Sources*, **168**, 522 (2007)
10) M. Egashira, J. Kushizaki, N. Yoshimoto, M. Morita, *J. Power Sources*, **183**, 399 (2008)

2 リチウム―固体電解質複合負極

今西誠之[*]

2.1 はじめに

　リチウム／空気電池は金属リチウムと気体酸素の組み合わせで，フッ素を正極に使用する場合を除いて理論的に最大のエネルギー密度を有する。この電池が蓄電池として機能することを最初に報告したのは1996年米国のAbrahamで，電解質にゲルポリマーを用いている[1]。その後も現在に至るまで欧米では有機系電解質を用いたリチウム／空気電池が主流である。一方，水溶液系電解質を用いたリチウム／空気電池について2004年にViscoらがIMLB-12で報告を行っている[2]。この電池の場合には，金属リチウムを水溶液から保護するため，界面に緻密な固体電解質膜を配置してある。ここで留意すべき点は有機系のリチウム／空気電池であっても，外界から空気を取り入れる際に水分も一緒に入るために，早い段階の充放電サイクルで劣化するという事実である[3]。つまり，金属リチウム負極をこれらの不純物ガスから保護することは，電解質の如何にかかわらずリチウム／空気電池の実現にとって基本的な課題である。

2.2 複合負極の構成

　リチウム／空気電池では，その構成要素が組み合わせで決定される。特にリザーバー（電解質）の種類が有機系か水系かによってセル設計が大きく変わる。しかし，上述のように負極に関してはリチウムの安定作動を維持するために，何らかの保護機能が共通して必要となる。ここではその方法として，水溶液系リチウム／空気電池を対象とした場合の，リチウム―保護被膜複合負極について述べる。ただ，内容はそのまま有機系リチウム／空気電池に適用することが可能である。

　複合負極の構成は，エネルギー密度の観点から純粋な金属リチウムの使用が必須である。その保護被膜として必要な性質を以下に挙げる。

- 水分子や二酸化炭素のような小さい分子が通過しない
- 室温での高いリチウムイオン導電性
- 水に溶解しない
- 金属リチウムに対する安定性
- 耐酸，耐塩基性

　小さい分子を通さないものとしてセラミックス焼結体がある。NASICON型構造を有する $Li_{1+x+y}Al_xTi_{2-x}Si_yP_{3-y}O_{12}$ （x = 0.3, y = 0.2）（LTAP）は高いイオン導電性を示す材料として知られているが，この材料のガラスセラミックスは，粒界抵抗も十分に低く，焼結状態で約 10^{-4}

---

[*] Nobuyuki Imanishi　三重大学　大学院工学研究科　准教授

Scm^{-1} と室温でも高い導電率を有することが報告されている[4]。一般にリチウムの化合物は吸湿性のものが多いが，このガラスセラミックスは例外的に水に対して安定といわれている。こうした条件を満足する材料は今のところ他に報告されていない。LTAP の問題点は金属リチウムに対する安定性である。構造内に含まれる Ti^{4+} は容易に Ti^{3+} に還元されるので，金属リチウムとこのセラミックスを直接接触させることはできない。そこで，金属リチウムの還元力が直接及ばないように LTAP とリチウムとの間にもう1つイオン導電体を挟む必要がある。この中間層として要求される性質はリチウムに対して安定ということと，金属リチウムのデンドライトが発生した場合に貫通しない機械的強度を持つことである。もちろん LTAP 以外の耐水性イオン導電セラミックスで金属リチウムに対して安定なものであれば中間層は必要ない。

本節では，こうした必要条件を元に現在唯一安定作動可能と考えられる以下のような複合負極について詳述する[5]。

Li/Al*/LiPON*/LTAP*/LTAP （*印はスパッタリングによる成膜層）

この複合負極を模式的に表したものを図1に示す。ここで LiPON は中間層として機能するイオン導電体である。市販の材料を用いる場合，金属リチウムの厚さは約 200μm，LTAP の厚さは約 150μm である。スパッタリングによる LiPON 層は 1μm 程度であり，その他2つのスパッタリング層の役割については後述する。

LTAP の耐還元性を達成するための LiPON の必要性を示すデータを図2に示す。LiPON は LTAP と金属リチウムの直接接触を防ぐ役割を持つが，中間層がない場合には短時間で LTAP の導電率は低下する。それに対して LiPON を介在させた負極の場合は抵抗値の経時変化が全く観測されない。このデータは，LTAP の使用時に中間層が不可欠であることを示している。

次に，LTAP に対する要求事項の1つである pH に対する安定性の評価を図3に示す。強い酸性（pH = 1）や強い塩基性（pH = 14）においては1週間程度の比較的短期間で LTAP は表面が溶解し，導電率も大きく低下する。純水に浸漬した場合でも導電率はわずかに低下する。酸浸

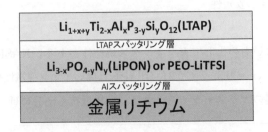

図1　金属リチウム複合負極の構造

第 2 章　負極材料

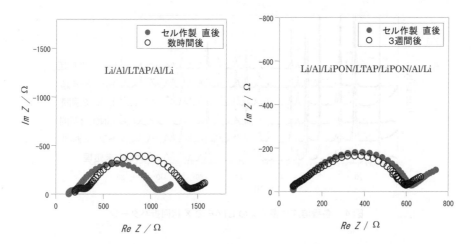

図 2　左；中間層 LiPON を用いない負極，右；中間層 LiPON を用いた負極
左の負極は時間と共に抵抗値が増大する。80 ℃で測定。1 M 〜 1 Hz。

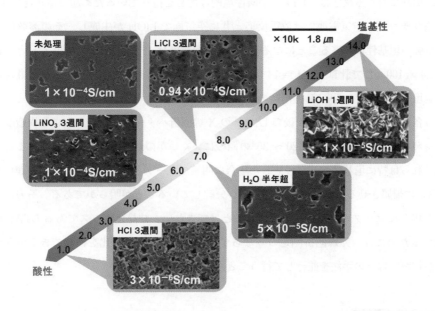

図 3　LTAP の対 pH 安定性
標記の期間，室温で各溶液中で保存した。酸性では表面が溶出し，塩基性では Li_3PO_4 の結晶が析出する。導電率は Au/LTAP/Au のセルを作成し 25 ℃で測定。

漬の場合はプロトンとリチウムイオンの交換反応が直接の原因と考えられるが，純水でもプロトンとリチウムの交換が徐々に進行すると推測される。これに対してリチウム塩として LiCl や $LiNO_3$ を溶解させた中性水溶液の場合は，長期間の浸漬においても全く導電率が変化しない。こ

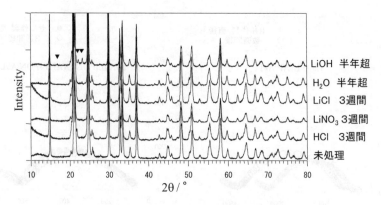

図4　各種溶液に浸漬後のLTAPのX線回折パターン

れよりLTAPを保護被膜として用いる場合には，リチウム塩を電解液側に溶解させることでプロトンとの反応を抑制できることが分かる。これは実際の電池系では常に満足される条件である。

他方，塩基に対する反応は，LTAPが酸性塩的な性質を持っているため起こる可能性がある。水溶液系リチウム／空気電池では放電反応と共に空気極でLiOHが生成し，その溶解によって電解液は強い塩基性に片寄ることになる。LiOHの溶解度は12.8 g/100 mL（20℃）とされているが，2.4 g/100 mLで計算上pH = 14になる。実際の放電はLiOHが析出するまで継続されるので，耐塩基性の向上はLTAP使用時の重要なテーマである。

図4は各種溶液に室温浸漬した後のLTAPのX線回折パターンである。大きな構造変化が観測されるわけではないが，$2\theta = 20 \sim 25°$の領域にいくつかの新しいピークを見つけることができる。これらは特に塩基性溶液に浸漬した場合に明確なピークとして現れる。この一連のピークはLi_3PO_4に帰属させることができ，LTAPが分解していることが明らかである。一方，純水に浸漬した場合にはパターンに変化を認めることはできない。結晶化ガラスであるLTAPの反応を検知するためには，X線回折測定のみならず，ガラス部の構造変化を検知できる分光学的手法か，抵抗測定などの手法を並行して行うことが必要である。

2.3　複合負極の電気抵抗

複合負極の構成を見て明らかなように，これは全固体電池の負極である。電解液系に比べイオンを高速で移動させることが困難なため，抵抗を下げることが重要な課題である。スパッタリングによる成膜は，界面イオン移動の抵抗を小さくすることに効果がある。例えば，LTAPとLiPONの接合を直接行うよりも，LTAPの表面にLTAPをスパッタリングし，その後LiPONをスパッタリングする方が約1桁抵抗が減少する。これは界面の面積が増大するためである。図5にその違いを示すインピーダンスプロットを示す。Alスパッタリング層も同様に界面の面積

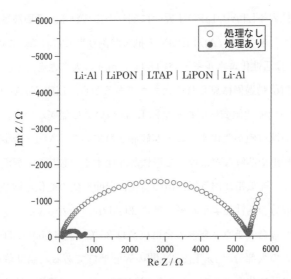

図5　LTAP/LiPONの界面におけるLTAPスパッタリング層の有無の比較（80℃で測定）

を増大させることができる。リチウムのシートを直接LiPON上に圧着しただけでは十分に小さい抵抗とならないが，Alスパッタリング層を介在させるとリチウムが化学的な反応を自発的に行ってAl-Li合金が生成し，合金層の表面が電極表面となる。この層はLiPONに密着しているから，リチウムシートを直接物理接触させた時と比べると約1桁の抵抗低減が得られる。

複合負極の抵抗の内訳について述べる。図6に示すようにインピーダンススペクトルは4つの抵抗成分から構成される。比較実験より高周波数領域に現れる2つの成分（R_b, R_g）はLTAP

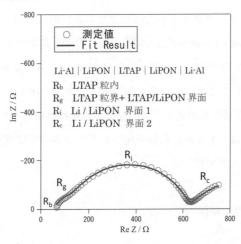

図6　界面抵抗を低減した複合負極のインピーダンススペクトル（80℃で測定）
実線は4つの直列抵抗成分を仮定したフィッティングデータ。

の粒内と，LTAP の粒界＋LTAP/LiPON 界面に割り当てられる。低周波数成分（R_i, R_c）はこれらに比べてはるかに大きく，Li/Al/LiPON の抵抗が割り当てられる。この2つの半円のうち，高周波数側の成分 R_i は活性化エネルギーが約 60 kJ/mol の大きさを持つ。この値は一般的な電極／電解質界面の電荷移動過程に見られる大きさであるから，LiPON/Al-Li 界面とするのが妥当であろう。より低い周波数領域に現れる半円 R_c については帰属がいまだはっきりしない。この成分は充放電に伴い抵抗値が変化することが観測されている。Al-Li 合金層と金属リチウムの界面は，リチウムの析出や溶解などに伴って形状が変化する。もしこの界面のインピーダンスを検知しているとすると，充放電に伴う抵抗値の変化は界面形状の変化と結び付けて考えることができる。なお，この成分の活性化エネルギーは約 20 kJ/mol と小さい。

試験的に作成された複合リチウム負極の全抵抗値は 25 ℃で約 4,000 Ω，50 ℃で約 700 Ω，80 ℃で約 100 Ω を示す。この大部分が Li/LiPON 間の界面抵抗である。温度依存性が大きいように見えるが，電荷移動の活性化エネルギーは液体電解質系と比べて格段に大きいというわけではないので，Li と LiPON の接触面積が小さいことが室温域の大きな抵抗の原因と考えられる。二次元的な接触にならざるを得ないこの界面の改善には，従来の実用電池系における金属電極の作成技術が参考になると考えられる。

2.4 中間層としてのポリマー電解質

中間層に LiPON の代わりにポリマー電解質を用いた複合負極を紹介する[6]。ここで用いられるポリマー電解質はセラミックフィラーを含んだ $PEO_{18}LiTFSI$ であり，有機溶媒を含まない。ドライポリマーが適する理由の1つは金属リチウムと LTAP の隔離を確実にするためである。また，LiPON がスパッタリング法でしか合成できないのに対してポリマー電解質は大面積のものが容易に作成でき，工業的な展開を考えた場合により有効な選択である。この負極の抵抗値は，25 ℃で約 8,000 Ω，50 ℃で約 500 Ω，80 ℃で約 50 Ω となり，LiPON を用いた場合と比べて低温では劣っており，高温ではより優れている。Li/PEO 間の活性化エネルギーが約 80 kJ/mol とかなり大きいために，温度依存性が大きく，低温での作動には依然として問題を残している。このポリマー電解質を中間層とする複合負極を用いたリチウム／空気電池の挙動については後の「セルの電気化学挙動」の項目で述べる。

複合負極の課題をまとめると，
- LTAP の耐塩基安定性の確保
- 電荷移動抵抗の低減
- 金属リチウムのデンドライト抑制
- セルの大型化を可能にする LTAP 膜の大面積化

第 2 章　負極材料

電荷移動抵抗についてはリチウムデンドライトの問題をある程度抑制できればポリマーゲル電解質等の適用による低減が期待できる。LTAP板はセラミックスで破損しやすく，セルの大型化に伴ってその形態を実用に耐えうるものに変えることが必要である。

2.5　弱酸リザーバーと複合負極

リザーバーとして備えるべき性能は，その名称の通りに放電生成物（リチウムと酸素の化合物）を貯蔵する機能に優れることである。しかし有機系における Li_2O_2 も，水系における LiOH も，溶解度は低い。LiOH の水に対する溶解度から計算すると，析出が起こらない範囲で金属リチウムと水を合わせた重量当たりのセルの容量は最大 138 mAh/g にしかならない。現状では析出が起こらない限り 700 Wh/kg というエネルギー密度は達成されないことが分かる。対処策としては，析出を前提としたセル設計を行う，溶解度の高い塩／溶媒系を探索する，溶解度を高める添加剤を開発する，等が考えられるが，具体的報告例はまだない。

水溶液系リザーバーに対する別の要求として，充放電に伴って pH が大きく変化しないことがある。これは保護被膜 LTAP の狭い pH 安定領域を考えた場合に生ずる問題である。この対処策の 1 つとして，弱酸の水溶液をリザーバーに用いることが考えられる。放電に伴って生成する OH^- イオンを中和することで塩基性に強く片寄らせないことができる。しかし，弱酸の選択上，留意しなければならない点がいくつかある。

① 放電生成物の溶解度。採用する弱酸の塩が難溶性では使用できない。
② 弱酸の重量。この重量がエネルギー密度を大きく左右する。
③ pH の範囲。放電前後の pH が LTAP にとって安定な領域にあること。
④ 耐酸化性。空気極において弱酸が酸化分解を受けないこと。

こうした観点から弱酸として酢酸が候補になり得る。酢酸リチウムの溶解度は極めて高く，酢酸自身の分子量は比較的小さい。電池反応は以下の式で表される。

$$2\,Li + 1/2\,O_2 + 2\,CH_3COOH \rightleftarrows 2\,CH_3COOLi + H_2O$$

酸素を除くリチウムと酢酸の合算重量で理論容量を計算すると 400 mAh/g となる。これに平均電圧 3.4 V をかけると 1,360 Wh/kg となり，電気自動車用の目標エネルギー密度の 700 Wh/kg という数値がクリアできる。リチウム／空気電池の理論エネルギー密度からは大きく低減してしまうが，酢酸以外に有力な候補はあまり見当たらない。安定性の観点からは酢酸が 100 ％に近いと LTAP は導電率低下を示すが，水で希釈することによりこの変化は抑制される。酢酸水溶液は有力なリザーバー候補であるが，純粋な水溶液を用いる魅力は依然大きく，こうした手法によらない解決策の探索も必要である。

2.6 セルの電気化学挙動

リチウム複合負極を用いたリチウム／空気電池の電気化学挙動を紹介する。セルは以下の3種類で全て3極式のビーカーセルを用いている。

① Li/Al/LiPON/LTAP/aqueous 1 M LiCl/Pt, air
② Li/PEO$_{18}$LiTFSI-BaTiO$_3$/LTAP/aqueous 1 M LiCl/Pt, air
③ Li/PEO$_{18}$LiTFSI-BaTiO$_3$/LTAP/CH$_3$COOH-CH$_3$COOLi/Pt, air

①のセルはリザーバーに LiCl 水溶液が使用されている。複合負極はラミネートフィルムの中に封入し水の侵入を防ぐが，フィルムの一部に窓を開け，LTAP の片面をリザーバーに露出させる形式である。セルの組み立て1週間後も作成直後と同じ大きさのセル抵抗値を示すことから，水が複合負極内に侵入してリチウムが劣化するなどの問題が起こらないことが分かる。実際にはさらに長期間の安定性が必要であり，ラミネートフィルムの防水性の改善が待たれる。セル①の 60℃での放電特性を図7に示す。この図は参照極に対する金属リチウム負極の電位を示している。また，電位の符号を逆転してあるので，電池としては放電反応が進行する方向である。起電力が3.6 V であることが分かる。これは水溶液の pH から計算されるほぼ理論値通りの値である。水溶液を電解液として用いながら，水の分解電圧の3倍近い電圧が発生することは奇異に感じられる。しかし，電解質には LTAP や中間層も含まれ，水溶液の部分に実際に何ボルトかかっているかは分からない。また水が接している LTAP からは電子が供給されないから速度論的に還元反応は起こらないと考えられる。図より 0.1 mAcm^{-2} の電流密度で約 200 mV の分極が発生する。分極の大きさは十分に小さいものではない。活性化過電圧に加えてリチウムイオンの物質輸送に基づく分極も加わっていると思われる。

②のセルはポリマー電解質を中間層に用いたもので，その他の構成はセル①と同じである。図

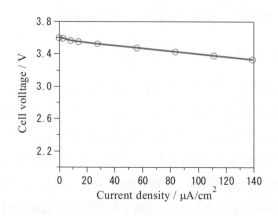

図7　セル①のリチウム複合負極の電流－電位特性（60℃で測定）

第 2 章 負極材料

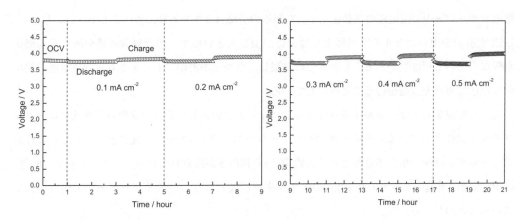

図 8 セル②のリチウム複合負極の充放電特性（60 ℃で測定）
電流密度は 0.1〜0.5 mA/cm²。

8 に 60 ℃での充放電の曲線を示す。この曲線はリチウム金属負極の充放電を表している。起電力は約 3.8 V とセル①とほぼ同じ値を示し，この値は 1 カ月間変化がなく安定である。比較的大きい 0.5 mAcm^{-2} で 2 時間ずつの可逆充放電が行える。0.1 mAcm^{-2} での放電過電圧は 50 mV，充電過電圧は 20 mV で，LiPON を用いたセル①に比べて分極は小さくなる。0.5 mAcm^{-2} で 24 時間放電と充電を継続することができ，その際のリチウム負極の容量は 1,124 mAhg^{-1} となる。この容量は 3,860 mAhg^{-1} をリチウム金属の理論容量とした場合の約 30 ％に相当する。セル②は長時間の充放電においても分極の大きさは一定で，安定した電気化学特性を示す。

最後に③のセル特性を示す。これはセル②と負極部分が同じで，酢酸水溶液をリザーバーに用いている。したがって金属リチウムの分極挙動はセル②と全く同じと考えてよい。図 9 に酢酸水

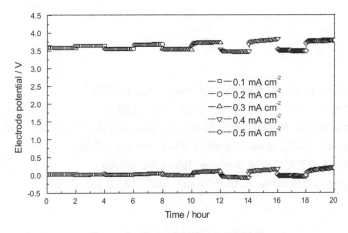

図 9 セル③の正負両極の充放電曲線
3.6 V 近傍はリチウム負極，0 V 近傍は空気極の分極データ。60 ℃で測定。電流密度は 0.1〜0.5 mA/cm²。

溶液リザーバー中の両電極の挙動を示す。空気極の分極はリチウム極に比べると小さい。しかし，LiCl 水溶液を用いたセルの空気極よりは分極が少し大きいので，溶存酸素の量や酸化還元機構が異なっている可能性がある。しかしこの結果は，酢酸水溶液中でもリチウム／空気電池が実用的な電圧で可逆充放電を行うことを示している。

　以上の知見をもとに，セル③をラミネートフィルムに封入した形式の薄型の2極式プロトタイプセルが試作されている。そのセルのパフォーマンスは 0.5 mAcm^{-2} の電流密度で 3.2 V の作動電圧を示す。酢酸の量を 100 ％とすると約 70 ％の利用率が得られている。リチウム負極，酢酸，C-Pt 電極の重量当たり 800 Wh/kg のエネルギー密度となり，酢酸リザーバーが実用性を有していることが分かる。

2.7 まとめ

　リチウム／空気電池は Li と O_2 の単純な組み合わせであるが，これまでの電池にはない，いくつかの特徴を有している。放電のときに外界から酸素を取り込んで貯蔵するという機構はそのひとつで，貯蔵空間という概念が必要になる。このあたりの問題については，基礎学術的な面だけでなく，工学的・機械的な見地からの電池システムに対するアプローチも必要である。本節で述べたようにリチウム／空気電池の形式については現段階では多くの組み合わせが可能で，それに合わせて材料開発の課題が多い。また，リチウム電池，燃料電池，全固体電池，溶解析出型電池等，様々な側面をもつこの電池はリチウムイオン電池に続く新型の蓄電池として位置づけられる。今後も多面的な検討がその発展には不可欠であると考えられる。

文　献

1） K.M.Abraham *et al.*, *J. Electrochem. Soc.*, **143**, 1（1996）
2） S.J.Visco *et al.*, *IMLB-12*, Abstract#53, Nara（2004）
3） S.R.Younesi *et al.*, *PRiME 2008 Meeting*, Abstract#465, Honolulu（2008）
4） T.Katoh *et al.*, *IMLB 2008*, Abstract #463, Tianjin（2008）
5） N.Imanishi *et al.*, *J. Power Sources*, **185**, 1392（2008）
6） T.Zhang *et al.*, *Electrochem. Solid-State Lett.*, **12**, A 132（2009）

第3章　新型リチウム―空気電池の開発

周　豪慎*

1　はじめに

　産業技術の発展と化石燃料を過剰に使用することにより，地球に大きな負荷が与えられている。二酸化炭素に代表される温暖化ガスの排出によってもたらされる地球温暖化など深刻な地球規模的エネルギー・環境問題に，人類は直面している。現在，世界的に，二酸化炭素の排出を削減するための対策技術の開発が進められている。

　経済産業省の統計による，日本国内の二酸化炭素の排出に運輸部門が占める割合は，約20％に達している。そこで，自動車のエネルギー源をガソリンや軽油から電気エネルギーに一部，あるいは全部を転換していくHEV（ハイブリッド車），EV（電気自動車）が注目されている。

　電気自動車の歴史は非常に古い。ガソリン車と大体同じぐらいの時期にイギリスで誕生している。日本でも第2次世界大戦後に，多摩自動車で作られたこともあった。当時の電気自動車は，電源として使用する鉛蓄電池が非常に重かった。また電池の性能も低かったために，電気自動車の普及・実用化には，大きな制約があった。よって，電気自動車のキーテクノロジーは電池容量の増大と低コスト化である。

　バッテリーの発展の歴史を見ると，鉛蓄電池の時代が長く続いたが，1960年代に登場したニッケル・カドミウム電池（ニカド電池），ニッケル・水素電池を経て，最近ではリチウムイオン電池が注目されている。重量あたりのエネルギー密度と体積あたりのエネルギー密度が一番高いのは，リチウムイオン電池である。そのリチウムイオン電池でも，現状のエネルギー密度は100-150 Wh/kgであり，長距離ドライブには不足であると言われている。

　そこで，電気自動車用のリチウムイオン電池には，どの程度のエネルギー密度が必要なのかを考えてみる。経済産業省が2006年に発表した提言に基づく，想定した本格的な電気自動車としての目標では，700-900 Wh/Kgが必要である。つまり，エネルギー密度をガソリン車と競争するならば，現状から7倍，あるいは8倍のエネルギー密度のアップが必要となる。

　このように大幅なエネルギー密度の向上が本当に可能だろうか？　リチウムイオン電池のメカ

---

*　Haoshen Zhou　㈱産業技術総合研究所　エネルギー技術研究部門　エネルギー界面技術研究グループ　研究グループ長

ニズムと活物質の現状から検討していく。

2 リチウムイオン電池の容量向上の制約

現在市販リチウムイオン電池の負極には，主に炭素を使っている。正極には，主に酸化コバルトリチウムを使っている。負極の活物質炭素の理論容量は 372 mAh/g であるが，正極の活物質酸化コバルトリチウムの容量は約 137 mAh/g である。負極の活物質では，炭素のほかに，$Li_{4.4}Sn$ の容量で約 900 mAh/g，Li の容量で約 3,800 mAh/g，$Li_{4.4}Si$ の容量で約 4,000 mAh/g とある。つまり，現在の 7 倍のエネルギー密度を持つリチウム電池を実現するには，負極の候補としてさまざまな活物質が考えられる。一方，正極の活物質，酸化コバルトリチウムのほかに，スピネルマンガンの容量は約 120 mAh/g，リン酸鉄リチウムの容量は約 160 mAh/g，酸化バナジウムの容量は約 350 mAh/g である。活物質の正極から考えると，400〜500 あるいは 700-1,000 mAh/g という大容量を有する活物質は，現在のところ存在しない。

そこで，現状の技術では 7 倍の容量を実現するのは難しく，何らかの革新的な電池の開発が必要となる。

3 リチウム―空気電池

正極材として空気中の酸素を用いる金属―空気電池では，活物質である酸素は電池セルに含まれておらず，空気中に無尽蔵に存在するので理論的に正極の容量が無限となり，大容量電池技術として注目されてきた。金属の空気電池は開発の歴史が長く，主に亜鉛の空気電池が一次電池として実用化されている。カルシウムやマグネシウムやアルミニウムなどの金属の空気電池はまだ実用化はされていないが，研究室レベルの開発が進んでいる。

負極側に一番軽い金属であるリチウムを使うリチウム―空気電池の活物質のエネルギー理論容量は一番高い。リチウム―空気電池の歴史はまだ短く，初めてリチウム―空気電池というコンセプトの論文がアメリカの研究グループにより発表されたのは，1996 年のことである[1]。

負極も含めた亜鉛空気電池の理論容量は，1,350 Wh/kg である。これに対してリチウム―空気電池の理論上の容量は，あくまでも活物質のみで計算すると，11,140 Wh/kg となる。現在の亜鉛空気電池よりも 1 桁高い値が得られている。これは 1996 年に発表された論文の結果である[1]。この論文では電解質に有機電解液をポリマーに含浸したもの，負極にリチウムの金属，正極に空気極を使っていた。実際に放電すると，正極の容量は 570 mAh/g（空気極に使った多孔質カーボンの重さあたり）となった。充電も同程度の容量が得られている[1]。しかし，サイクル特性が

第3章 新型リチウム―空気電池の開発

あまり良くなかったようである。

ここで一つ強調したいのは，実際どのように正極の容量を計算すべきか，ということである。リチウムイオン電池であれば，正極の活物質量で割ることで正極の容量が求められる。だが，リチウム―空気電池の場合は，空気極である正極側には活物質は含まれておらず，多孔質炭素，その中に担持した触媒とバインダーを使っている。つまりリチウム―空気電池の場合は，炭素の多孔質の重さ＋触媒の重さ＋バインダーの重さ（一部は炭素の多孔質の重さのみ）で割っている。

1996年の発表以来，リチウム―空気電池（あるいはリチウム―酸素電池）が注目され[2,3]，最近，英国の研究グループは，リチウム―空気電池のサイクル特性を改善した[4~6]。しかしながら，現状では過電圧が非常に大きくて，まだ実用では使えない。

この従来のリチウム―空気電池は，理論上は空気中に酸素があれば永久的に放電が可能である。しかしながら，1996年に発表したアメリカの研究グループのリチウム―空気電池の空気極の容量は570 mAh/gしかなく，また，2006年に発表した英国の研究グループのリチウム―空気電池の空気極の容量は1,000 mAh/gになると，同じように急激に容量が落ちている。これは，それ以上は放電ができなくなることを意味している。なぜ理論上は永久的に放電可能であるにもかかわらず，実際にはある段階で放電がストップされるのだろうか？

従来のリチウム―空気電池のモデルは図1に示している。構造では負極にリチウム金属を，電解質として，有機電解液を，正極として触媒を担持しているカーボン多孔質を使っている。さらに，ドライ酸素ボンベを使って酸素を供給している。これは，リチウム・空気電池より「リチウム・酸素電池」とは言えるものの，本当の意味での「リチウム―空気電池」とは呼べない。酸素ボンベから供給された酸素は空気極のカーボン多孔質に担持している触媒の表面で有機電解液中のリチウムイオンと反応し，固体の酸化リチウム（Li_2OとLi_2O_2）を生成する。サイクル中に酸化リチウムが大量に生成されると，この固体の酸化リチウムが触媒の表面を完全に被覆するため，リチウムイオンと酸素の接触が遮断されて反応が止まる。現状のコンセプトでは，生成した

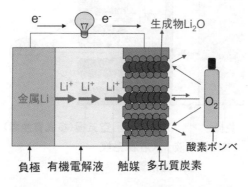

図1 従来型（リチウム―酸素電池）の原理図

固体の酸化リチウムが有機電解液に溶けていないために反応がストップされてしまう。ストップした段階で，最大の容量になる。酸化リチウムの生成により遮断されることが大きな課題となっている。

　問題はほかにもいくつか存在している。たとえば，従来のリチウム－空気電池を空気中で直接使用すると，空気中の水分が有機電解液中に溶け込む。溶存の水素が負極側に達すると，金属リチウムと反応して水素が発生する。大量の水素が発生すれば，電池として非常に危険性がある。また充電時には，炭素が酸化され炭酸リチウムが発生することにより，サイクル劣化が激しくなる。従来のリチウム－空気電池のサイクル特性が悪いのは，これが主な原因であるかも知れない。

　空気中の水分などの問題を回避するために，従来のリチウム－空気電池は酸素ボンベを使っている。これらの問題を解決するために，さまざまな試みがなされているが，本格的な解決案はまた見つかっていないようである。

4　新型リチウム－空気電池の提案

　リチウム－空気電池の問題点である，空気中で使えないこと，また生成した酸化リチウムが固体として電解液に溶けないことに対して，われわれは新型のリチウム－空気電池を開発することで改善を図ろうとしている。

　新型リチウム－空気電池の構造は図2に示している。まず，溶けない生成物質を溶ける生成物質に変更するために，空気極側に有機電解液の代わりに水溶液を使うことで，空気極で空気が入っても炭素上の触媒の効果により，酸素と水が反応して，水酸化イオン（OH^-）を生成する。その水酸化イオン（OH^-）は，水に溶ける。さらにセパレーターには，水分や，溶存ガス，プロ

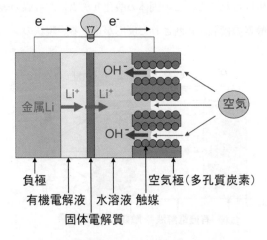

図2　新型リチウム－空気電池の原理図

第3章　新型リチウム―空気電池の開発

トンイオンなど様々なものを通さないガラス状の固体電解質を使っている。

この新型リチウム－空気電池において，まず正極側で空気中の酸素と反応してOH^-を生成するのは，燃料電池の空気極と全く同じコンセプトである。また，負極側に金属リチウムを使うのは，リチウムイオンの負極と全く同じ考え方である。現状のリチウムイオン電池の負極が金属リチウムを使っていないのは，デンドライトの発生を避けるためである。デンドライトの問題が解決されれば，リチウムイオン電池にも負極に金属を使える。

この燃料電池の正極とリチウムイオン電池の負極を組み合わせ，中央のセパレーターに固体電解質を使った新型リチウム－空気電池は「電池の中のハイブリッド」とも言える。ここで言う「ハイブリッド」とは，リチウムイオン電池と燃料電池のハイブリッドであり，また有機電解液と水溶性電解液のハイブリッドでもある。さらには液体電解液と固体電解液のハイブリッドという意味も持っている。その意味でこの電池は，まさに「ハイブリッド電池」といえる。

この3つを組み合わせた革新的なリチウム－空気電池の負極は金属リチウムで，電解質には非常に薄い有機電解液を使っている。ここに，有機電解液を使わない方法も考えられるが，長時間放電すると金属リチウムがリチウムイオンになり，正極側に流されると，固体リチウムと固体電解質の界面がジグザグになって非常に大きな界面抵抗が発生する。その界面抵抗により電池電圧が徐々に低下し，抵抗も徐々に上昇する。それを避けるために有機電解液を使っている。

水溶液についてはKOH（あるいは$LiOH$）を，触媒としては安価な酸化マンガンを使っている。カーボンの多孔質の表面に撥水処理を施すことで，酸化マンガン（$=Mn_3O_4$）をカーボンに担持している。この新型リチウム－空気電池は，放電時と充電時には以下の反応が起こる。

放電時：正極に，$O_2 + 2H_2O + 4e^- \rightarrow 4OH^-$，負極に，$Li \rightarrow Li^+ + e^-$

充電時：正極に，$4OH^- \rightarrow O_2 + 2H_2O + 4e^-$，負極に，$Li^+ + e^- \rightarrow Li$

上記のように，正極で放電時には酸素がOH^-になり，充電時にはOH^-が酸素になって出ていく。負極はリチウムイオン電池と全く同じで，放電時には金属リチウムがリチウムイオンになり，充電時にはリチウムイオンがリチウムに戻る。

ここで一つ強調しておきたいのは，固体電解質を通過できるのはリチウムイオンだけだということである。ほかのイオン，例えばOH^-やH^+やK^+などは，固体電解質を通ることができない。

空気極はアルカリの燃料電池の空気極と全く同じ発想である。水溶液はアルカリ性であるが，例えばpHの低い酸性や中性にしても作動する[7]。けれども水溶液をアルカリ性としない場合には，高価な白金を触媒として使う必要がある[7]。白金を使わないことを前提として，つまり低コスト化のために，少し電圧を犠牲にしても安い触媒が使えるアルカリ性の水溶液を選択している。

新型リチウム－空気電池の放電曲線を図3に示す。このグラフは縦軸に電圧，横軸に放電時間

次世代型二次電池材料の開発

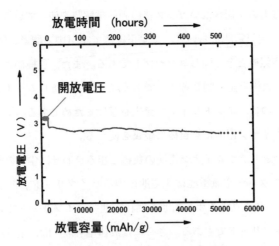

図3　新型リチウム－空気電池の放電曲線

（計算して，放電容量に戻ることも可能）をとっている．放電の電流密度は 0.5 mA/cm² で，開放電圧（Open Circuit Voltage）は，理論値とほぼ同じで約 3.4 V である．このグラフから，3 週間（= 500 時間）放電しても電位は大きく変化しないことがわかる．3 週間の放電後に内部を評価するために電池を分解したので，それ以降はグラフを破線で示している．放電はそこで停止しているが，これ以上は放電できずに空気極が壊れるという意味ではない．

表1に，この新型リチウム－空気電池の放電容量を過去のリチウム－空気電池のデータと比較している．表1の上方が代表的な過去のリチウム－空気電池のデータで，一番下が新型リチウム－空気電池のデータである．この表を見れば明らかなように，この新型電池は高い電流密度で放電しているにもかかわらず，容量は空気極のカーボンのみで計算すると 78,000 mAhg^{-1}，カーボン＋触媒＋バインダーで計算すると 50,000 mAhg^{-1} であり，従来型のリチウム－空気電池の容量を大幅に超えていることがわかる．

表1　新型リチウム－空気電池と従来型リチウム－空気電池の空気極放電容量の比較

lithium air battery's results			
空気極のカーボンの 重さ当たりの容量	空気極の重さ当たりの容量 (Carbon+Catalyst+Binder)	電量密度	文献と研究
1,600 mAh g^{-1}	Data is not given	0.1 mA cm^{-2}	1）
2,825 mAh g^{-1}	Data is not given	0.05 mA cm^{-2}	2）
5,630 mAh g^{-1}	Data is not given	0.01 mA cm^{-2}	3）
1,100 mAh g^{-1}	Data is not given	50 mA g^{-1}	4）
3,000 mAh g^{-1}	730 mAhg^{-1}	70 mA g^{-1}	5）
78,000 mAh g^{-1}	50,000 mAhg^{-1}	100 mA g^{-1} or 0.5 mA cm^{-2}	本研究

第 3 章　新型リチウム―空気電池の開発

5　新型リチウム―空気電池からリチウム燃料電池の提案

　長時間にわたって連続放電ができる新型リチウム―空気電池には，もう一つ問題点が残されている。放電の時に，金属リチウムは負極でリチウムイオンになり，セパレーターを通過して正極側に移動する。そして正極で発生した OH^- と反応して水酸化リチウム（LiOH）になる。水酸化リチウムが大量に発生すれば，飽和溶解度を超えて LiOH の沈殿が出てくる。この沈殿にどのように対応するかが，大きな課題として残っている。

　この課題の解決方法により，新型リチウム―空気電池の大きな発展方法がもたらされる。すなわち水酸化リチウムを回収して，再利用することである。図4に示しているように，沈殿した水酸化リチウムを回収して金属リチウムに再生する。再生した金属リチウムを活物質として，負極に加えて，もう1回使うことができる。これはリチウム燃料電池のコンセプトである。われわれが世界中に初めて，リチウムイオン燃料電池のコンセプトを提案した[8,9]。

　従来の燃料電池は，水素を燃料として使い，酸素と反応して水が生成される。これまでの数十年間で大きく注目され，研究が進んでいるものの，2つの大きな問題点が存在している。まず，水素のエネルギー効率はリチウムよりかなり大きい反面，気体であるために取り扱いが難しい。携帯や運搬にあたっては高圧のボンベを必要とするし，液体窒素の状態ならばタンクが必要になる。また非常に燃えやすく，安全性にも課題がある。

　次に，燃料電池として使う場合，特に，室温で使う固体高分子型燃料電池（PMFC）ならば，プロトンが酸素と反応して水になる際に，触媒として，非常に高価な白金を必要とする。これは，プロトンのコンディションが酸性条件であるためである。白金を使う限りは大幅なコストダウンは期待できない状況になっている。

　では水素の代わりにリチウムを使うと，どうなるだろうか。元素の周期表を見れば分かるように，水素の次に軽い金属はリチウムである。電位を比較すると，水素を使った燃料電池は 1.22 V で，リチウムを使うとアルカリ性条件なら 3.4 V（酸性条件 4.1 V）となる。さらに，保存や運搬に使用する高圧のボンベや液体用タンクの重さまで考慮すると，実際に使用する際にはリチウムのエネルギー密度は水素のそれを大きく上回ると考えられる。また回収および再生も，水素に比較して簡単であろう。

6　新型リチウム―空気電池の問題点

　新型リチウム―空気電池には，実用に向かって，まだいくつかの課題が残っている。まず，中央にあるセパレーターの固体電解質の改善が必要な点である。この問題の改善には，大きく2つ

173

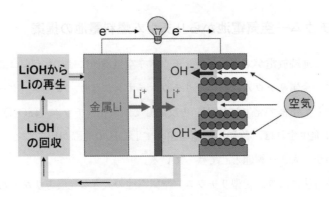

図4　リチウム燃料電池の原理図

の面から取り組んでいる。1つ目は，固体電解質のリチウムイオンのコンダクティビティー（＝電導率）の改善である。現状のセパレーターの固体電解質は全固体型のリチウムイオン電池で使用しているものと同じである。そのセパレーターの固体電解質のリチウムイオン電導率が室温で約 1.0×10^{-4} S/cm になる。可能であれば，室温で 10^{-3} S/cm までアップしてほしい。その時に，新型リチウム－空気電池の高速充電と高速放電も取れると考える。2つ目の取り組みは，固体電解質の耐アルカリ性の改善である。様々な研究の結果，現在は約1カ月の耐アルカリ性が得られているが，数年間，あるいは10年間の対アルカリ性が実現できるかどうかは，まだ課題として残っている。

7　新型リチウム－空気電池の発展方向

新型リチウム－空気電池の将来の方向性は，2つある。①充電が可能な二次電池として開発する，②生成した LiOH を回収して，リチウム燃料電池として開発する。この2つの開発方向について，二次電池，燃料電池，電解質，材料化学，固体物理などの分野の研究者間で協力が必要となる。

8　おわりに

われわれはリチウムイオン電池の Rocking Chair の概念を破って，ハイブリッドの電解液／質を用いて，リチウムイオン電池と燃料電池のハイブリッド電池である新型のリチウム－空気電池を開発・構築した。これから充放電可能なリチウム－空気電池とリチウム燃料電池について，研究を進めていく。

第3章 新型リチウム―空気電池の開発

文　献

1) K. M. Abraham and Z. Jiang, "A Polymer Electrolyte-Based Rechargeable Lithium/Oxygen Battery", *Journal of Electrochemical Society*, Vol.143, 1 (1996)
2) T. Kuboki, T. Okuyama, T. Ohsaki, N. Takami, "Lithium-Air Batteries using Hydrophobic Room Temperature Ionic Liquid Electrolyte", *Journal of Power Source*, Vol.146, 766 (2005)
3) J. Read, K. Mutolo, M. Ervin, W. Behl, J. Wolfenstine, Driedger, D. Fostera, "Oxygen Transport Properties of Organic Electrolytes and Performance of Lithium ōOxygen Battery", *Journal of Electrochemical Society*, Vol.150, A 1351 (2003)
4) T. Ogasawara, A. Debart, M. Holzapfel, P. Novak, P. G. Bruce, "Rechargeable Li_2O_2 Electrode for Lithium Batteries", *Journal of American Chemical Society*, Vol.128, 1390 (2006)
5) A. Debart, A. J. Paterson, J. Bao, P. G. Bruce, "α-MnO_2 Nanowires: A Catalyst for the O_2 Electrode in Rechargeable Lithium Batteries", *Angewandte Chemie International Edition*, Vol.47, 4521 (2008)
6) A. Debart, J. Bao, G. Armstrong, P. G. Bruce, "An O_2 cathode for rechargeable Lithium Batteries: The Effect of a Catalyst", *Journal of Power Source*, Vol.174, 1177 (2007)
7) S. Hasegawa, N. Imanishi, T. Zhang, J. Xie, A. Hirano, Y. Takeda, O. Yamamoto, "Study on lithium/air secondary batteries-Stability of NASICON-type lithium ion conducting glass-ceramics with water", *Journal of Power Sources*, Vol.189, 371 (2009)
8) 2009年2月24日, 独立行政法人産業技術総合研究所プレスリリース, http://www.aist.go.jp/aist_j/press_release/pr2009/pr20090224/pr20090224.html
9) Y. Wang, H.S. Zhou, "A Lithium-Air battery with a potential to continuously reduce O_2 from air for delivering energy", *Journal of Power Sources*, Vol.195, 385 (2010)

第 3 編

次世代型二次電池開発の動向

第1章　光空気二次電池

阿久戸敬治[*]

1　はじめに

　環境・エネルギー問題が人類の共通課題となって久しく，クリーンで省エネルギーという時代の要求に応え得る新たな二次電池の登場が待望されている。特に，身の回りの自然エネルギーを吸収し，自己再生する二次電池の実現は，私たちの長い間の夢となっている。また，ユビキタス電源やマイクロマシン用電池実現への道を拓く技術としての期待もあり，このような電池開発への要請はますます高まる趨勢にある。本稿では，これら要請に応え得る次世代二次電池として，筆者らが提案・開発を進めている光空気二次電池を採り上げる。

　近年，光エネルギーを電気化学的に蓄積する試みがなされ，光化学二次電池系の原理的可能性が示された[1~13]。また，水素吸蔵合金を使用した新電池系として水素化物－空気電池（第三電極を用いて電気充電する電池系）が提案され，水素吸蔵合金電極の新たな可能性が示された[14]。筆者らは，これらの試みをさらに発展させ，上述の夢を実現する新たな電池系として，空気中の酸素をエネルギー源とした放電と光エネルギーによる自己再生（充電）を可能にする光空気二次電池を提案し，その具現化に向け，幾つかの電池系の検討を進めてきた[15~19]。ここでは，これら検討の一環として，負極を水素吸蔵合金と酸化物半導体で構成した電池系[16~18]に着目し，狙いとする光充放電機能の実現を試みた。特に，その鍵技術として，光充電（再生），すなわち，光エネルギーによる金属水素化物の生成とその蓄積（保持）を可能にする負極材料の開発を中心に検討を進めた。具体的には，AB_5型の$LaNi_{5-x}Al_x$系水素吸蔵合金と$SrTiO_3$からなる新型負極を見出し，蓄電（自己放電抑止）性能や光充電機能に対する有効性を確認した。また，本負極系電池の挙動から，光充放電機能を確認した。

　本稿では，光充電（再生）機能の実現手法を中心に，光空気二次電池の基本構成や原理，課題を概述するとともに，上記新型負極を用いて構成した$SrTiO_3$-$LaNi_{3.76}Al_{1.24}Hn$｜KOH｜O_2系電池の光充放電挙動等を紹介する。

---

[*]　Keiji Akuto　島根大学　産学連携センター　教授

2 光空気二次電池の概要

2.1 基本構成と充放電反応イメージ

　光空気二次電池は，空気中の酸素をエネルギー源（活物質）として放電し，光エネルギーを吸収して元の状態へ自己再生（充電）することを特徴とした新しい系の二次電池である。負極活物質に水素吸蔵合金を用いた電池系を一例として，本電池の基本構成を図1に示す。ここに，正極は白金担持カーボン等のいわゆる酸素還元触媒で構成し，酸素放電の機能は，これら正極材料の触媒作用により実現する。また，負極は光吸収材と活物質との複合材料で構成し，これにより光充電（再生）の機能を実現する。本例では，前者にn型半導体，後者に水素吸蔵合金を用いている。この際，適切な材料系を選択することにより，電解質／負極界面の特性を利用して光充電

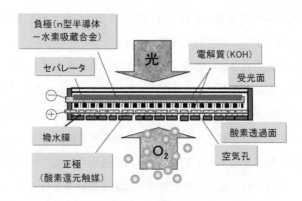

図1　光空気二次電池の基本構成

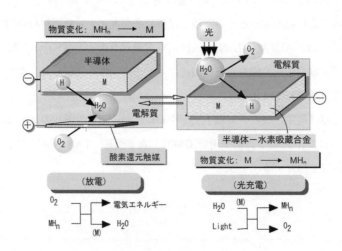

図2　光充放電反応（物資変化イメージ）

第1章 光空気二次電池

反応の生起に必要なエネルギー状態を形成する。また，電解質は，光反応性を考慮し，水酸化カリウム等のアルカリ性水溶液で構成する。

本電池における充放電時の物質変化の様子をモデル化して図2に示した。上記電池構成とすることにより，放電時には，正極での触媒作用を利用した酸素の電気化学反応（水酸イオンへの還元）が進行し，空気中の酸素を活物質とした放電が可能となる。ここでは，空気中から取り込んだ酸素と水素吸蔵合金中の水素とが反応して水を生成する反応により放電する。この際，負極活物質は金属水素化物から金属へ変化する。一方，充電時には光によって，負極上で放電の逆反応が進行し，電解質中の水が分解されて酸素と金属水素化物が生成する。原理的には水の電気分解と同様の反応であるが，次項に述べる原理により，光エネルギーは，電気エネルギーに変換されずに金属水素化物として負極中に蓄積し，物質変換の形で光充電を実現する。

2.2 光充電（再生）の原理

負極に水素吸蔵合金を用いた電池系を例に，光空気二次電池の光充電原理を概述する。狙いとする充電反応は，上述のごとく光エネルギーによる金属水素化物生成反応である。本反応を進行させるためには，通常の電池活物質としての反応性に加え，少なくとも，①光エネルギーによる電子生成，ならびに，②光吸収サイトから活物質反応サイトへの生成電子の運搬の2条件を満足する負極の開発が不可欠となる。本電池系では，これらの条件を満足するエネルギー状態を形成し，光エネルギーを物質変化の形で負極中に蓄積することを狙いとして，異なる性質を有する水素吸蔵合金とn型半導体を共存させ，活物質と光吸収材の両機能を併せ持つ負極の実現を図っている。本負極では，以下に述べるように，n型半導体と電解質との界面に形成されるエネルギーバンドの曲りを利用して，光充電反応が電気化学的に生起する。

光充電時における本負極のエネルギーレベル模式図を図3に示した。負極表面へ光エネルギーが照射されると，価電子帯（V.B.）から伝導帯（C.B.）へ電子（e⁻）を励起し，価電子帯にホー

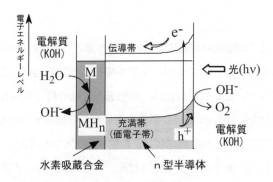

図3 水素吸蔵合金－n型半導体負極における光充電（エネルギーレベル模式図）

ル（h^+）を生む。伝導帯に励起された電子は，エネルギー勾配（バンドの曲がり）に沿って移動し，負極活物質（水素吸蔵合金）反応サイトに達する。この電子は，その還元作用により，電解質中の水分子から水素を抜き取り金属を金属水素化物へ変える。一方，ホールは上記バンドの曲がりの作用により電解質側へ運ばれ，半導体表面で水酸イオンと反応して酸素と水を生成する。このような過程で，負極活物質に電子を連続的に送り込むメカニズムが形成されることにより，光充電反応が進行する。ただし，この反応は，以下の条件を満足する特定の負極系（水素吸蔵合金－n型半導体－電解質）材料の組み合わせにおいてのみ進行する。

① n型半導体／電解質界面のエネルギーバンドが，電解質側へ向って上方曲りであること。
② 伝導帯下端のエネルギー準位（電位）は，水素吸蔵合金の酸化還元電位よりも卑電位である（上方に位置する）こと。
③ 価電子帯上端のエネルギー準位（電位）は，OH^-/O_2酸化還元電位よりも貴電位である（下方に位置する）こと。
④ さらに，電極の耐久性も考慮すると，n型半導体の分解電位は，OH^-/O_2酸化還元電位よりも貴電位であること。

したがって，このような負極系を見出すことが本電池開発の主眼でもある。なお，本充電反応は負極上でのみ進行する。二次電池の充電反応は，通常，正極での酸化反応と負極での還元反応が対となって進行する。しかし，本電池では，負極上に性質の異なる2つのサイトを形成し，正極を充電反応に関与させずに，対となるべき酸化・還元反応を共に負極上で進行させることができる。したがって，本電池は，通常の二次電池と異なり，正極が充電反応に全く関与しないため，空気二次電池の課題である正極触媒のアノード酸化劣化は原理的に発生しないという特徴を有している。

3 負極に水素吸蔵合金を用いた電池系における光充放電機能の実現

3.1 電池構成

本項以降では，光空気二次電池の具現化を狙いとした筆者らの検討結果を基に，本電池の光充放電挙動等を具体的に紹介する。ここでは，n型半導体-水素吸蔵合金/KOH/O_2系電池を提案し，光充電の実現を試みた。ここに，負極は，活物質と光吸収材とからなる複合電極系とした。活物質である水素吸蔵合金には$LaNi_{5-x}Al_x$系合金を使用し，組成xの値は，0，0.65，0.90，1.24とした。また，光吸収材であるn型半導体には，純度99.99％の$SrTiO_3$にNbを0.5 wt.％ドープした単結晶を用い，（100）面を測定面（光吸収面）とした。一方，正極はPt触媒またはカーボンに担持したPt触媒で構成し，電解質には6 mol・dm^{-3}のKOH水溶液を使用した。

第1章 光空気二次電池

なお本稿で紹介する光充電挙動の測定にはXeランプ光源を用い，光強度は約$100\ \mathrm{mW\cdot cm^{-2}}$とした。また，放電挙動は，$0.6\ \mathrm{mA\cdot cm^{-2}}$の定電流条件下で測定し，電極電位の測定には参照電極として酸化水銀電極（Hg/HgO/6 M KOH）または飽和カロメル電極（SCE）を使用した。なお，これら測定は25℃環境下で行い，電位表記は全て飽和カロメル電極基準とした。

3.2 光充放電機能実現への課題

狙いとする光充放電機能の実現を目指し，その鍵技術となる負極構成材の検討を進めた。しかし，本電池の実現には以下の問題点が予見され，これら課題の克服が必要であった。

① 金属水素化物の解離による自己放電
② 光充電（金属から金属水素化物への光還元）反応生起の困難性
③ 負極を構成する光吸収材（半導体）の光酸化溶解による寿命低下
④ 負極を構成する活物質（水素吸蔵合金）／光吸収材（半導体）界面でのエネルギー障壁形成による光充電性能の低下

なお，③に関しては，酸化物はさらなる酸化は受けにくいとの観点から，負極光吸収材に酸化物半導体を使用することによって，④については，光吸収材（$SrTiO_3$）よりも小さな仕事関数を有する金属（Ti）よりなるエネルギー障壁低減層の薄膜を水素吸蔵合金と半導体間に介在させることによって，その解決を図った。ここでは，光充電機能実現の成否を左右する①と②の課題に着目し，以下にその解決を試みた。

3.3 金属水素化物の解離（自己放電）抑制

本電池は，負極活物質に水素吸蔵合金を用いている。水素吸蔵合金は，ニッケル・水素（Ni-MH）電池の負極活物質として，すでに実用化されている材料である。これら合金の水素解離平衡圧は数気圧程度であるが，密閉型電池中で使用されるため，活物質として安定に機能する。しかし，本電池は，空気中の酸素を利用して放電するため，厳密には開放構造の電池となる。したがって，Ni-MH電池等に用いられている水素吸蔵合金を本電池の負極活物質とした場合，原理的にこのような平衡圧を維持できないため，図4(a)に示したように，充電により生成した水素は合金中に蓄積されずにH_2の気体として発生すると考えられる。そして，この水素は正極の酸素透過孔を通って電池外へ流失し，自己放電現象として蓄電性能を著しく低下させることが容易に予見される。

本問題を解決するため，$LaNi_{5-x}Al_x$系水素吸蔵合金[20]に着目し，合金組成の最適化を図った。すなわち，$LaNi_5$型合金におけるNiの一部を原子半径の大きなAlで置き換え，結晶格子空間を広げることにより，水素化物の生成・蓄積を容易にし，解離防止を図ることとした。検討の結

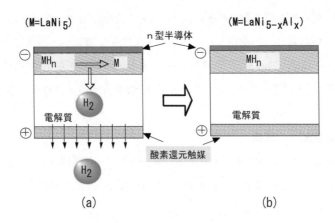

図4　水素化物の解離（自己放電）と抑制

果，図5に見られるように，Al置換量（x）の増大に伴い水素の解離平衡圧は激減し，水素化物は安定化した。特に，Al置換量 $x = 1.24$ では，水素解離平衡圧をLaNi$_5$の1/1000以下に低減することが可能であった。なお，Al置換量 $x = 1.24$ は固溶限界に近い値であり，これ以上のAl添加ではNi$_3$Al相等が析出する。この結果は，図4(b)に示したように，Al置換量の増大によって，本電池のような開放構造の電池においても水素化物を安定に存在（蓄積）させ得ることを示唆した。

そこで，実際に本合金で構成したSrTiO$_3$-LaNi$_{5-x}$Al$_x$H$_n$｜KOH｜O$_2$系電池の放置特性試験の結果から，Al置換による解離防止効果を検証し，図6に示す結果を得た。ここでは，電気的に$0.6\,\mathrm{mA\cdot cm^{-2}}$定電流で300分間の充電を行った後，セルの開放電圧と負極電位の経時変化を測定し，各セルの自己放電特性を評価した。すなわち，Al置換量 $x = 0$ や0.65の合金では，それ

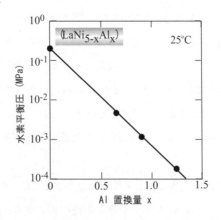

図5　LaNi$_{5-x}$Al$_x$合金における水素平衡圧に対するAl置換の影響

第 1 章　光空気二次電池

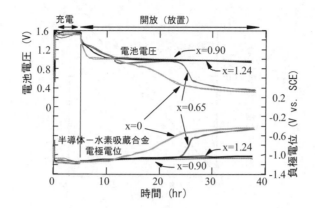

図 6　SrTiO$_3$-LaNi$_{5-x}$Al$_x$H$_n$ | KOH | O$_2$ 系電池の自己放電特性に対する Al 置換効果

それ，6〜19 時間後に水素化物の解離（消失）を示す電圧低下や電位崩壊現象が観測されたものの，x = 0.90 や 1.24 の合金では，30 時間以上経過後もこのような現象は見られなかった。以上のことから，水素解離（消失）抑止に対する Al 置換の効果は明白である。

3.4　光充電を実現するエネルギーレベルの形成

一方，光充電に関しては，当初，TiO$_2$-LaNi$_5$H$_n$ | KOH | O$_2$ 系電池に着目して，狙いとする光充電機能の実現を試みた。しかし，この試みは失敗に終わり，金属から金属水素化物への光還元の困難さを裏付ける結果となった。光充電反応が進行するためには，少なくとも，光による電子励起と活物質サイトへの電子運搬を実現しなければならない。上記事実は，TiO$_2$-LaNi$_5$ 系負極では，電子運搬の駆動力となる充分なエネルギー勾配（バンドの曲がり）を形成できないことを示しており，新たな負極系の開発が必要となった。そこで，水素吸蔵合金における水素化反応の貴電位化と n 型半導体の光励起レベル（フラットバンド電位）の卑電位化の両面から，光充電可能な負極材の実現を目指し，SrTiO$_3$-LaNi$_{5-x}$Al$_x$H$_n$ 負極を見出した。

本負極では，前述の検討と同様，Ni の一部を Al 置換した水素吸蔵合金を活物質に用いた。その結果，図 7 に見られるように Al 置換量（x）の増大に伴い，水素化反応（金属水素化物生成）の電位は，貴電位方向へシフトし，置換量 x = 1.24 では 0.12 V 以上の貴電位化を実現できた。この負極組成の最適化は，前述の自己放電抑止効果のみでなく，光水素化充電反応の進行に必要なエネルギー勾配の形成にも有効であることが判明した。さらに，光励起レベルの卑電位化を狙いとして，光吸収材（半導体）の多元化を図り，TiO$_2$ に換え SrTiO$_3$ とした。光開回路電位の測定から推定される SrTiO$_3$ のフラットバンド電位の値は，−1.15 V と，TiO$_2$ のそれに比べ 0.3 V 程度卑な電位を示した。なお，本試料の光開回路電位は，光電流発生電位にほぼ等しい値を

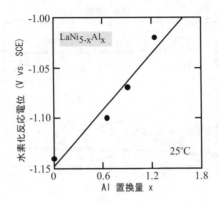

図7 LaNi$_{5-x}$Al$_x$ 合金の水素化反応電位に対する Al 置換の影響

示したことから,以下ここでは,この値をフラットバンド電位と見なした。この結果は,水素化反応よりも卑なレベル,すなわち,光充電が可能なレベルへの電子励起を示している。

この点についてさらに検討するため,6 mol・dm^{-3} KOH 中での水素吸蔵合金と半導体との間の電位差（ΔE）を測定した。結果を合金中の Al 置換量との関係で図8に示した。図中,$E_{MH_n/M}$ と E_{fb} は,それぞれ満充電状態での水素吸蔵合金電位と半導体のフラットバンド電位を表す。これらの測定には,それぞれ水素吸蔵合金と半導体単独の電極を使用した。なお,ΔE（$E_{MH_n/M} - E_{fb}$）が負の値となった場合には,これを 0 V としてプロットした。TiO$_2$-LaNi$_5$H$_n$｜KOH｜O$_2$ 系電池において光充電の試みが失敗に終わった理由は,ΔE の値が 0 V であることから明らかである。これらの結果から,狙いとする光空気二次電池の負極として SrTiO$_3$-LaNi$_{3.76}$Al$_{1.24}$ 電極を選定した。測定結果から,負極内に形成されるエネルギー勾配の大きさを求めると,0.13 eV となる。この値は,光充電能を発現する電子運搬の駆動力となる。

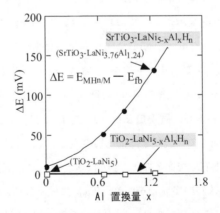

図8 電子運搬の駆動力を形成する水素吸蔵合金－半導体（水素化電位－フラットバンド電位）間の電位差
● : SrTiO$_3$-LaNi$_{5-x}$Al$_x$H$_n$, □ : TiO$_2$-LaNi$_{5-x}$Al$_x$H$_n$

第1章　光空気二次電池

　以上，水素化反応の貴電位化とn型半導体の光励起レベル（フラットバンド電位）の卑電位化を図ることによって，充分なエネルギー勾配（バンドの曲がり）を形成することができ，効率的な光充電反応の進行を期待できる。なお，$SrTiO_3$の光電気化学特性の測定結果からは，上記値を0.05 eV増大させることにより，光充電速度が2倍以上に増大すると推定される等，さらなる卑電位化が充電性能向上に有効であることを示唆する結果を得た。

4　$SrTiO_3$-$LaNi_{3.76}Al_{1.24}H_n$｜KOH｜O_2系電池の光充放電挙動

　以上の検討結果を基に構成した$SrTiO_3$-$LaNi_{3.76}Al_{1.24}H_n$｜KOH｜O_2系セルの光充放電挙動を測定し，図9に示す結果を得た。また，光充電／放電サイクル試験中の放電時間（容量）の変化を図10に示した。両測定とも，190分間の光照射の後，$0.6\ mA\cdot cm^{-2}$の定電流で終止電圧0Vまで放電した。図9では，電池電圧と負極電位の経時変化を同時測定した。その結果，光照射による電池電圧の回復挙動が観測され，繰り返し充放電が可能であった。また，本電池は約1Vの起電力を示した。サイクル試験中のトータル放電容量は$950\ mAh\cdot g^{-1}$であった。計算により求まる水素吸蔵極の理論容量は，水素が最大の6個まで入る$LaNi_{3.76}Al_{1.24}H_6$を仮定したとしても，$409\ mAh\cdot g^{-1}$である。したがって，これらの値から光エネルギーが$SrTiO_3$-$LaNi_{3.76}Al_{1.24}H_n$｜KOH｜O_2セル中に蓄積されていることは明らかである。さらに，放電時間に対する光照射時間の影響を測定し，図11に示す結果を得た。光照射時間の増大に伴い放電時間は増大しており，その相関性から光充電反応が進行していることが確認できる。なお，光充電に伴う光吸収材の溶解現象は，全く観測されなかった。

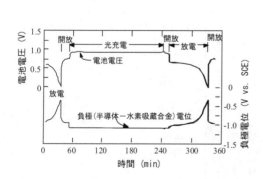

図9　$SrTiO_3$-$LaNi_{3.76}Al_{1.24}H_n$｜KOH｜O_2系電池の光充放電挙動

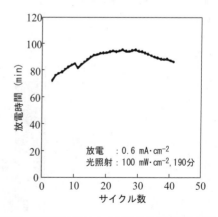

図10　光充放電サイクルに伴う放電時間の変化

次世代型二次電池材料の開発

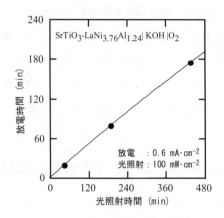

図11 放電時間に対する光照射時間の影響

さらに，光充電反応の進行を確認するために，負極の各エネルギーレベルの値を測定した。$SrTiO_3$-$LaNi_{3.76}Al_{1.24}H_n$/KOH 系におけるエネルギーレベルの値を，図12に示す。ここに，E_c と E_v は，それぞれ電極表面の伝導帯下端と価電子帯上端のエネルギーレベルを，E_{OH^-/O_2} は OH^-/O_2 酸化還元電位を表す。E_c はフラットバンド電位（-1.15 V）と電導に関する活性化エネルギーの値（0.087 eV）から決定した。活性化エネルギーは電気伝導度の温度依存性から求めた。また，E_v は E_c と $SrTiO_3$ の禁制帯幅（3.2 eV）から求め，E_{OH^-/O_2} は 6 mol・dm^{-3} KOH 中での酸素触媒の開回路電位から測定した。これらの測定から，$SrTiO_3$-$LaNi_{3.76}Al_{1.24}H_n$ 電極に関し，図12に示す電気化学特性が明らかになった。光充電を実現するためには，前述したように，$E_c < E_{MH_n/M}$ かつ $E_v > E_{OH^-/O_2}$ でなければならない。測定から得られた各エネルギーレベルの値から明らかなように，本負極はこれらの条件を良く満足する。したがって，本電池では狙いとす

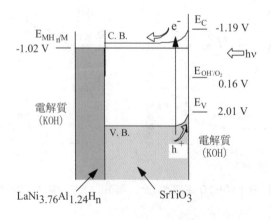

図12　$SrTiO_3$-$LaNi_{3.76}Al_{1.24}H_n$/KOH 系におけるエネルギーレベル

る光励起電子による金属から金属水素化物への還元反応が進行し，光充電が実現されたものと判断できる。なお，上記光充放電挙動は，以下の反応式によって説明できると考えられる。

［放電］（M：LaNi$_{3.76}$Al$_{1.24}$）

| 負極 | ：MH$_n$ + nOH$^-$ → M + nH$_2$O + ne$^-$ | (1) |

| 正極（酸素触媒） | ：(n/4)O$_2$ + (n/2)H$_2$O + ne$^-$ → nOH$^-$ | (2) |

　　　総括反応　　　：MH$_n$ + (n/4)O$_2$ → M + (n/2)H$_2$O　　　(3)

　すなわち，放電反応は，酸素と水素（水素化物）の反応による水生成反応であり，この時，両辺物質の自由エネルギー差に相当する電気エネルギーを取り出すことができる。

［光充電］

　　　負極　　　：hν → ne$^-$ + nh$^+$　　　(4)

　　　負極　　　：M + nH$_2$O + ne$^-$ → MH$_n$ + nOH$^-$　　　(5)

　　　負極　　　：nOH$^-$ + nh$^+$ → (n/4)O$_2$ + (n/2)H$_2$O　　　(6)

　　　総括反応：M + (n/2)H$_2$O + hν → MH$_n$ + (n/4)O$_2$　　　(7)

　一方，充電反応は，光による水分解，すなわち，水素化物と酸素の生成反応であり，光エネルギーは水素化物として負極中に蓄積される。

5　おわりに

　空気中の酸素を活物質とした放電と光エネルギーによる充電を可能にする新型二次電池の実現を目指し，その鍵技術となる負極材の開発経緯を中心に紹介した。水素吸蔵合金とn型半導体よりなる新たな負極系を見出し，本負極が，開放構造の電池系でも蓄電（自己放電抑制）可能で，光充電反応の進行に必要なエネルギーレベルの形成に有効であることを示すとともに，本負極を用いて構成した電池系において光充放電機能を確認することができた。

　本電池は，①クリーンな自然エネルギーを吸収して動作する，②充電器や充電費用が不要であり，レーザ光等による非接触充電も可能である，③正極活物質（大気中酸素）を電池内に持たず，外部から取り込むため，高エネルギー密度化を期待できる，④正極（酸素触媒）は光充電反応に関与しないので，触媒のアノード酸化劣化は発生せず，従来電池に比べ正極の長寿命化が可能である等の特徴を有する電池系であり，今後，性能向上研究の進展等により，充電器を必要としな

いクリーンで省エネルギー性に優れた高エネルギー密度二次電池を提供することが可能となるであろう。

　一方，本電池の基本機能から考えられる今後の展開の方向の一つに，マイクロ電池化の方向がある。マイクロマシン技術の進展やユビキタス社会の到来に伴い，マイクロエネルギーデバイス研究の必要性が急速に高まっている。こうした観点から，米粒よりも小さなマイクロ電池実現の可能性を概観すると，既存の電池系をスケールダウンするのみでは，実現が極めて困難であることに気付く。三次元マイクロ構造物製造技術等の飛躍的な進歩を前提としても，このことは本質的には変わらない。その理由は，微小であること，それ自体に起因して派生する課題，すなわち，①接触電気充電の困難性，②アクティブマス／トータルマス比（電池全体に対する活物質量の割合）の減少に伴うエネルギー密度の低下にある。したがって，マイクロ電池の実現には，これらの課題を克服し得る新たな電池系の開発が前提となっている。この点，本電池系は，①非接触充電が可能な光充電機能，および，②周囲環境から活物質を取り込む高エネルギー密度性というマイクロ化に適した資質を有しており，その将来性が期待される。

文　　献

1) Y. Yonezawa, M. Okai, M. Ishino, H. Hada, *Bull. Chem. Soc. Jpn.*, **56**, 2873 (1983)
2) H. J. Gerritsen, W. Ruppel, P. Wurfel, *J. Electrochem. Soc.*, **131**, 2037 (1984)
3) P. G. P. Ang and A. F. Sammells, *Faraday Discuss. Chem. Soc.*, **70**, 207 (1980)
4) M. Kaneko and T. Okada, *Electrochimica Acta*, **35**, 291 (1990)
5) H. Imamura, M. Futsuhara and S. Tsuchiya, *J. Hydrogen Energy*, **15**, 337 (1990)
6) P. Bratin and M. Tomkiewicz, *J. Electrochem. Soc.*, **129**, 2469 (1982)
7) T. Fujinami, M. A. Mehta, M. Shibatani and H. Kitagawa, *Solid State Ionics*, **92**, 165 (1996)
8) D. Kaneko and S. Uegusa, *J. Advanced Science*, **11**, 103 (1999)
9) T. Kubota and S. Uegusa, *J. Advanced Science*, **11**, 99 (1999)
10) T. Ishii and S. Uegusa, *J. Advanced Science*, **11**, 101 (1999)
11) T. Nomiyama, H. Kuriyaki and K. Hirakawa, *Synthetic Metals*, **71**, 2237 (1995)
12) A. Hauch, A. Georg, U. Opara Krasovec, and B. Orel, *J. Electrochem. Soc.*, **149**, A 1208 (2002)
13) Chien-Tsung Wang, Hsin-Hsien Huang, *J. Non-Crystalline Solids*, **354**, 3336 (2008)
14) T. Sakai, T. Iwaki, Z. Ye and D. Noreus, *J. Electrochem. Soc.*, **142**, 4040 (1995)
15) K. Akuto, M. Takahashi, N. Kato, T. Ogata, *Electrochemical Society Fall Meeting*

第 1 章　光空気二次電池

Extended Abstract, **94**-2, 239 (1994)
16) K. Akuto, Y. Sakurai, *Electrochemical Society Meeting Abstract*, **98**-2, No.72 (1998)
17) K. Akuto, Y. Sakurai, *Electrochemical Society Proceedings*, **98**-15, 322 (1999)
18) Keiji Akuto and Yoji Sakurai, *J. Electrochem. Soc.*, **148**, No. 2, A 121 (2001)
19) Keiji Akuto, Masaya Takahashi and Yoji Sakurai, *J. Power Sources*, **103**, 72 (2001)
20) T. Sakai, K. Oguro, H. Miyamura, N. Kuriyama, A. Kato and H. Ishikawa, *J. Less-Common Met.*, **161**, 193 (1990)

第2章 ニッケル亜鉛電池の開発動向

井上博史*

1 はじめに

ニッケル亜鉛電池は，ニッケルカドミウム電池やニッケル金属水素化物電池と同様にアルカリ水溶液を電解液とする二次電池であり，乾電池にも使用されている亜鉛を負極としている。亜鉛は材料価格が安く，標準電極電位が低く（−0.763 V vs. SHE），しかも水素過電圧が大きい，という特長をもつ。このため，ニッケル亜鉛電池も，①低コスト，②高電圧（起電力 1.76 V），③高エネルギー密度（理論値 326 Wh kg^{-1}）で高出力密度，④優れた放電電圧の平坦性，⑤広い作動温度範囲（−20〜60 ℃），といった特長をもつ。

ニッケル亜鉛電池の開発の歴史は，1899 年に T. de Michalowski（独）がニッケル亜鉛電池を開発し，特許を取得したことに始まる。同時期に W. Jungner（米）がニッケル−カドミウム電池を，また T. Edison（米）はニッケル−鉄電池を発明し，それぞれ特許を得ている。ニッケル−カドミウム電池がニッケル−水素電池とともに今なお実用されているのに対し，ニッケル亜鉛電池は，100 年以上たった今も刈払機，レース用エンジンスタータ，海洋開発の水中動力源など特殊な用途にしか使用されていない[1]。その原因は，主に亜鉛負極にあり，充放電時に形状変化（シェイプチェンジ）を起こしたり，樹枝状突起（デンドライト）が生じて短絡するために，電池寿命が短いことにある。したがって，ニッケル亜鉛電池をさらに用途展開するためには，これらの課題を解決することが必須である。本章では，これらの課題の解決に向けた最近の取り組みについて述べる。

2 両極での反応

ニッケル亜鉛電池は，正極（活物質）に水酸化ニッケル，負極（活物質）に亜鉛（Zn），電解液に水酸化カリウム（KOH）水溶液が使用されている。正極は，ニッケル−金属水素化物電池やニッケル−カドミウム電池にも使用されており，正極の充放電反応（右向きが放電）は次式(1)で表される。

---

* Hiroshi Inoue　大阪府立大学　大学院工学研究科　物質・化学系専攻　教授

第2章 ニッケル亜鉛電池の開発動向

$$NiOOH + H_2O + e^- \rightleftharpoons Ni(OH)_2 + OH^- \tag{1}$$

亜鉛はアルカリ水溶液に溶解するため，その充放電反応はいささか複雑である。負極の放電反応は主に以下のように進むと考えられている。まず亜鉛が酸化され，水酸化亜鉛あるいは酸化亜鉛が中間的に生成すると考えられるが，それらは $Zn(OH)_4^{2-}$ としてアルカリ水溶液中に容易に溶出する。

$$Zn + 4\,OH^- \rightarrow Zn(OH)_4^{2-} + 2\,e^- \tag{2}$$

放電反応が進むと $Zn(OH)_4^{2-}$ の濃度が増大し，その溶解限界に達した後，不動態化して ZnO の被膜が生成・成長する。

$$Zn(OH)_4^{2-} \rightarrow ZnO + H_2O + 2\,OH^- \tag{3}$$

これに対して，充電反応は，式(2)，(3)の逆反応により進行すると考えられる。したがって，亜鉛負極の充放電反応（右向きが放電）は次式のように表される。

$$Zn + 2\,OH^- \rightleftharpoons ZnO + H_2O + 2\,e^- \tag{4}$$

全体としての電池反応（右向きが放電）は，次式のように書ける。

$$Zn + 2\,NiOOH + H_2O \rightleftharpoons ZnO + 2\,Ni(OH)_2 \tag{5}$$

3 課題解決に向けた最近の取り組み

活物質である亜鉛はアルカリ水溶液への溶解度が大きいため，$Zn(OH)_4^{2-}$ として液中に溶出する。しかも亜鉛の電気化学反応速度は速い。これらのことが原因となって，亜鉛のデンドライト形成や電極のシェイプチェンジを引き起こし，亜鉛電極の寿命は短くなる。これらの課題を克服するために，亜鉛負極の作製法や組成，電解質組成，セパレータ材料，充電方法などに関してこれまでいろいろな方法が検討されてきた。このことについては McLarnon らの総説[2]に詳しく書かれているので参考にされたい。

1990年代以降，ニッケル－金属水素化物電池やリチウムイオン電池などの新型二次電池が相次いで実用化されたこともあり，ニッケル亜鉛電池関連の研究は下火になったが，ユニークな検討も行われており，いくつかを以下に紹介する。

3.1 添加物（無機化合物）の効果

電極や電解液への添加物は，水素過電圧の増大，$Zn(OH)_4^{2-}$としての溶解量の低減，電極の電子伝導性の増大，より均一な電流分布の形成などの効果により，デンドライト形成や電極のシェイプチェンジを軽減させる。

水酸化カルシウムは，亜鉛負極の放電時に生成する$Zn(OH)_4^{2-}$とすばやく反応して亜鉛酸カルシウムを形成し（式(6)），$Zn(OH)_4^{2-}$の溶液中への拡散を防ぐとともに，充電時に素早く還元されて亜鉛に戻す働きをする（式(7)）。

$$2\,Zn(OH)_4^{2-} + Ca(OH)_2 + 2\,H_2O$$
$$\rightarrow Ca(OH)_2 \cdot 2\,Zn(OH)_2 \cdot 2\,H_2O + 4\,OH^- \tag{6}$$

$$Ca(OH)_2 \cdot 2\,Zn(OH)_2 \cdot 2\,H_2O + 4\,e^-$$
$$\rightarrow 2\,Zn + Ca(OH)_2 + 4\,OH^- + 2\,H_2O \tag{7}$$

結果として，デンドライト形成や電極のシェイプチェンジは低減され，充放電サイクル寿命も延びることがすでに知られている[3]。近年，亜鉛酸カルシウムを化学合成し，それを活物質として用いることが検討され，亜鉛酸カルシウムの還元反応は酸化亜鉛のそれより正電位側で起こること，サイクリックボルタモグラムにおいてサイクル数を増加させたときの酸化還元ピーク電流の低下は酸化亜鉛に比べて大幅に抑えられることなどが見出された[4]。また，ビスマスのような別の添加物との組み合わせにより活物質利用率も改善された[5]。亜鉛酸カルシウムの合成法についても検討され，水中での酸化亜鉛と水酸化カルシウムのボールミルにより生成した$CaZn_2(OH)_6 \cdot 2H_2O$が可逆的な充放電反応をすることも見出された[6]。また，共沈法により合成されたナノサイズの亜鉛酸カルシウムを用いたニッケル亜鉛電池の充放電サイクル寿命は，ボールミルにより合成されたものより延びることがわかった[7]。しかしながら，このような方法では負極活物質中にカルシウムが含まれている分，負極の容量は低くなってしまう。

Yuanらは，活物質としての酸化亜鉛粒子上に塩化スズの加水分解・熱処理により$Sn_6O_4(OH)_4$ナノ粒子を表面修飾した[8,9]。この活物質は，酸化亜鉛に比べて利用率や容量保持率が改善され，ニッケル亜鉛電池の充電電圧の上昇も抑えられ，充放電サイクル寿命も増大した[8]。また，$Sn_6O_4(OH)_4$ナノ粒子の修飾量の増加とともに，サイクル安定性は向上したが，活物質の電荷移動抵抗は増加した[9]。

ZnO (92 %)，Bi_2O_3 (5.4 %)，Co_2O_3 (2.5 %)，Nb_2O_5 (0.075 %)，Y_2O_3 (0.025 %)からなる導電性セラミックス粒子をボールミルと熱処理により合成し，この上にナノロッド状のZnOを析出させた活物質が新たに合成された[10]。この活物質は，導電性セラミックス粒子が活物質の集電能を高め，亜鉛析出時の核生成や核成長サイトとして働くため，サイクル安定性，放電容量，

利用率ならびに負極の安定性や可逆性が向上した。

3.2 添加物（有機化合物）の効果

　有機化合物は無機化合物に比べて柔軟な構造をとるため，活物質上への薄層コーティングが可能である。このようなコーティング層の中には，亜鉛負極の放電時に生成する $Zn(OH)_4^{2-}$ の電解液への溶出を抑制する働きをするものもある。Vatsalarani らは，ポリアニリン薄膜で亜鉛負極をコーティングすることを検討し，この薄膜が水酸化物イオンの拡散には影響を及ぼさずに $Zn(OH)_4^{2-}$ の溶出を抑え，デンドライト形成やシェイプチェンジを抑えることを見出した[11]。

　電解液に溶解させた有機化合物の中には，電極表面に吸着しやすく，デンドライトのような素早く成長するサイトに選択的に吸着することによって成長速度を均一化する添加剤（インヒビター）も知られているが，Lan らは，テトラアルキルアンモニウムヒドロキシドが電解液のイオン伝導性を低下させずにデンドライトの成長を抑える効果をもつことを見出し，ニッケル亜鉛電池のサイクル寿命を延ばすことに成功した[12]。また，デンドライト成長の抑制効果は，アルキル基の大きさや添加物濃度に依存した。

3.3 活物質の形態制御

　Yuan らは，活物質として働く酸化亜鉛のモルフォロジーや結晶構造が寿命に影響を及ぼすことに着目し，異なるモルフォロジーをもつ酸化亜鉛ナノ粒子を合成し，充放電を繰り返した時のモルフォロジーの変化について検討した[13]。ナノロッド（直径約 30 nm，高さ約 600 nm），ナノ粒子（粒径約 30 nm），六角柱構造をもつ市販の酸化亜鉛（粒径約 300 nm）を負極にもつニッケル亜鉛電池の充放電を繰り返したところ，ナノロッドでは基板に垂直な方向に六角形のラメラ構造が形成された後，($11\bar{2}0$) 方向に素早く成長して葉状になるが，ナノ粒子と市販の ZnO では基板に平行に板状構造が形成され，(0001) 方向に成長した結果，デンドライトを形成することを見出した。

　Ma らは，酸化亜鉛ナノプレート（大きさ数百 nm，厚さ約 50 nm）を水熱法により合成し，充放電サイクル安定性が向上することを明らかにした[14]。この場合も，($11\bar{2}0$) 方向への成長が，デンドライトの形成へと導く (0001) 方向の成長より素早く起こるため，デンドライトの形成は抑えられることがわかった。

3.4 ヒドロゲル電解質の効果

　1990 年代の後半に，ポリエチレンオキシドに電解質としての KOH と溶媒としての H_2O を混合した後，ゆっくりと冷やすだけの非常に簡便な方法で約 10^{-3} S cm^{-1}（室温）の電気伝導率を

次世代型二次電池材料の開発

もつ水溶液系ポリマー電解質が開発され，この電解質を用いた全固体ニッケル亜鉛電池は 50 サイクル程度充放電可能であることが確かめられた[15,16]。Mohamad らは，ポリビニルアルコールに KOH 水溶液を取り込ませたポリマー電解質を開発し，全固体ニッケル亜鉛電池の電解質として使用した[17]。この電池の作動電圧は低く（1.2～1.3 V），放電効率も低かった（約 60 %）が，放電容量は 90 サイクル程度安定であった。

岩倉らは，高吸水性ポリマーとして知られている架橋型ポリアクリル酸カリウム（PAAK）をマトリックスとして用いた時に大量の KOH 水溶液が PAAK に吸収・保持されることを見出し，しかも得られた高分子ヒドロゲル電解質は KOH 水溶液並みの電気伝導率（約 0.5 S cm^{-1} at 25 ℃）を示すことを明らかにした[18]。また，このヒドロゲル電解質を用いる全固体ニッケル金属水素化物電池の放電容量，寿命，高率充放電能は，いずれも KOH 電解液を用いた従来のニッケル金属水素化物電池に匹敵することがわかった。さらに，自己放電能に関しては全固体ニッケル金属水素化物電池の方が優れていることもわかった[19]。

筆者らは，PAAK をマトリックスとする高分子ヒドロゲル電解質がニッケル亜鉛電池に適用可能かどうかを調べるために，この電解質中での亜鉛イオン種の拡散挙動や亜鉛の析出形態についての知見を得るとともに，これらの電解質を用いた全固体ニッケル亜鉛電池の充放電特性などについて検討した[20]。

高分子ヒドロゲル電解質中での $Zn(OH)_4^{2-}$ の酸化還元挙動は，ピーク電流が小さくなること以外，水溶液中でのそれとほぼ同様であり，-1.4～-1.5 V (vs. Hg/HgO) 付近に亜鉛の析出に起因する還元ピーク，-1.1～-1.3 V 付近に亜鉛の溶解に起因する酸化ピークを示した。-0.7 から -1.6 V (vs. Hg/HgO) まで電位をステップさせたときの還元電流の経時変化は，高分子ヒドロゲル電解質と水溶液において少し異なる（図 1）。開始直後に電流値が急激に減少した後，水溶液では比較的高い電流値で一定に達し，その後電流値は徐々に増加するのに対し，高分子ヒドロゲル電解質では，電流値は単調に減少した。図 1 の各曲線から作成したコットレルプロット（図 2）は，いずれも原点を通る直線にのる領域，すなわち $Zn(OH)_4^{2-}$ が半無限拡散をする領域が存在することを示し，この領域は高分子ヒドロゲル電解質中の方が水溶液中より長かった。各電解質中での $Zn(OH)_4^{2-}$ の拡散係数は，水溶液では 3.9×10^{-6} cm^2 s^{-1}，高分子ヒドロゲル電解質では 2.1×10^{-6} cm^2 s^{-1} となり，高分子ヒドロゲル電解質中の $Zn(OH)_4^{2-}$ の拡散係数は，水溶液中のそれよりは小さいが比較的大きな値をとることがわかった。

電流走査法で得られた電流－電位曲線（図 3）において，-1.4 V 付近から亜鉛の析出反応が進行するために電位は一定になるが，律速段階が電荷移動過程から拡散過程に変化すると電位は負側にシフトする。限界拡散電流密度は，水溶液では約 47 mA cm^{-2}，高分子ヒドロゲル電解質では約 31 mA cm^{-2} であり，これらの値を超えると，水溶液では電位が急に負側へシフトし，さ

第 2 章　ニッケル亜鉛電池の開発動向

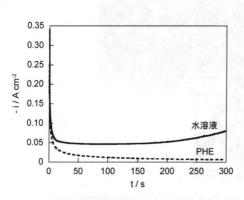

図1　0.7 M 酸化亜鉛を溶解させた 7.3 M 水酸化カリウム水溶液と高分子ヒドロゲル電解質（PHE）中での亜鉛析出のクロノアンペログラム

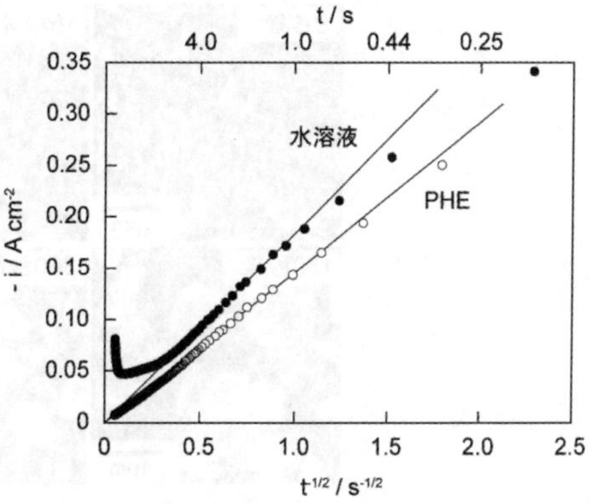

図2　図1のコットレルプロット

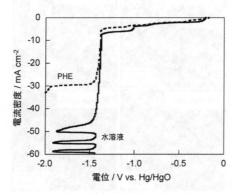

図3　電流走査法で測定した各電解質中での Cu 電極の電流－電位曲線
走査速度：$0.1\,\mathrm{mA\,s^{-1}}$。

らに電流を増加させると再び正電位側に戻るという具合に電位の振動が観察されたのに対し，流動性のない高分子ヒドロゲル電解質では，さらに電流を増加させると，水溶液のような電位振動は生じず，水素発生反応によって電位がさらに負側にシフトした。

高分子ヒドロゲル電解質において，$-1.6\,\mathrm{V}$ まで電位ステップの後，様々な時間を経過したときの亜鉛の形態を写真1に示す。コットレルプロットの直線上にある9秒後では，電極表面に垂直な方向に薄片状の亜鉛が密に整然と析出していた。これらは時間の経過とともに成長しているが，成長速度は水溶液に比べて明らかに遅く，その分，厚み方向への成長が進行しているようであった。

電流走査法での電流－電位曲線の測定時に様々な電流密度での亜鉛の形態を写真2に示す。限界拡散電流密度以下では，電流密度の増加とともに，亜鉛の成長は電極表面に水平な方向，すな

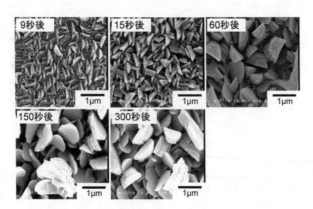

写真1 クロノアンペロメトリー測定時に PHE 中で析出した亜鉛の SEM 像

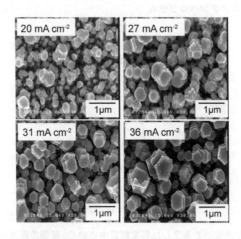

写真2 電流走査測定時に PHE 中で析出した亜鉛の SEM 像

わちヘキサゴナル構造が大きくなる方向へ進むが，亜鉛の成長速度は水溶液に比べて非常に遅かった。また，限界拡散電流密度を超えると，ヘキサゴナル構造の端に優先的に亜鉛が析出し，電極表面に垂直な方向へも亜鉛が析出していた。このように，亜鉛は，電荷移動律速では電極に水平方向（すなわちヘキサゴナル構造が大きくなる方向）に進行し，拡散律速では電極に垂直な方向に成長する傾向にあることがわかった。

水溶液と高分子ヒドロゲル電解質を用いるニッケル亜鉛電池の充放電サイクル特性を図4に示す。このとき負極には，Cu 電極上に 16 mA で 1 時間亜鉛を電析したものを用いた。この場合，水溶液では，30 サイクル程度で放電容量が急激に低下したのに対し，高分子ヒドロゲル電解質では 130 サイクル程度まで放電容量はほとんど変化しなかった。水溶液と高分子ヒドロゲル電解質中でそれぞれ 30 サイクル，130 サイクル充放電後の負極表面の SEM 観察（写真3）より，水

第 2 章　ニッケル亜鉛電池の開発動向

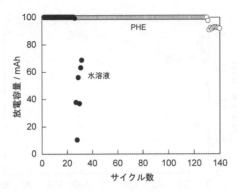

図 4　0.7 M 酸化亜鉛を溶解させた 7.3 M 水酸化カリウム水溶液と PHE を用いるニッケル亜鉛電池の充放電サイクル特性

充電：16 mA, 60 min, 放電：16 mA, 1.2 V まで。

溶液では亜鉛の析出は下部に集中していたが，高分子ヒドロゲル電解質では，亜鉛が負極全体に残っており，亜鉛の析出・溶解は負極全体で均一に起こっていることがわかった。

16 mA で 1 時間電析した亜鉛を，最初の放電において完全に溶解させた後に充放電したところ，高分子ヒドロゲル電解質中では，図 4 に比べて約 6 倍大きな電流値で 150 サイクル以上も安定に充放電を行えることがわかった（図 5）。最初の放電時に亜鉛が溶出する際，$Zn(OH)_4^{2-}$ が電極近傍に残るため，限界拡散電流密度が増大し，これが大きな電流値でも良好なサイクル特性を示した原因であると考えられる。また，最初の亜鉛の溶出量を増やすことにより，さらに大きな電流値でも充放電可能であった。このように，ヒドロゲル電解質は，$Zn(OH)_4^{2-}$ のバルク中への拡散を効果的に防ぐことができるため，デンドライト形成やシェイプチェンジを防ぎ，充放電サイクル特性の改善に有効に働くことがわかった。

水溶液
（30 サイクル後）

高分子ヒドロゲル電解質
（130 サイクル後）

写真 3　各電解質中で充放電後の負極表面の SEM 像

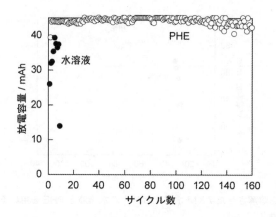

図5　0.7 M 酸化亜鉛を溶解させた 7.3 M 水酸化カリウム水溶液と
PHE を用いるニッケル亜鉛電池の充放電サイクル特性
充電：90 mA, 30 min, 放電：90 mA, 1.2 V まで。

4　おわりに

　水溶液並みの電気伝導率を示す固体電解質（ヒドロゲル電解質）の使用は，亜鉛負極の特性改善，ひいてはニッケル亜鉛電池の充放電特性を向上させる新たな方法論として注目されつつある。筆者らは，高分子ヒドロゲル電解質以外に無機ヒドロゲル電解質も開発しており，これが高分子ヒドロゲル電解質と同様の電気化学特性や $Zn(OH)_4^{2-}$ の拡散挙動を示すこともすでに明らかにしている[21]。さらに，ヒドロゲル電解質と電極の改質とを組み合わせることにより，ニッケル亜鉛電池の性能をさらに向上させることも可能であると考えられる。

文　　　献

1）電池便覧編集委員会編, 電池便覧第 3 版, pp.304〜310, 丸善（2001）
2）F. R. McLarnon *et al.*, *J. Electrochem. Soc.*, **138**, 645（1991）
3）Y. Sato *et al.*, *J. Power Sources*, **9**, 147（1983）
4）J. Yu *et al.*, *J. Power Sources*, **103**, 93（2001）
5）C. Zhang *et al.*, *J. Appl. Electrochem.*, **31**, 1049（2001）
6）X. M. Zhu *et al.*, *J. Appl. Electrochem.*, **33**, 607（2003）
7）C. C. Yang *et al.*, *J. Appl. Electrochem.*, **39**, 39（2009）
8）Y. F. Yuan *et al.*, *Electrochem. Commun.*, **8**, 653（2006）

第 2 章　ニッケル亜鉛電池の開発動向

9) Y. F. Yuan *et al.*, *J. Power Sources*, **165**, 905 (2007)
10) L. Zhang *et al.*, *Electrochim. Acta*, **53**, 5386 (2008)
11) J. Vatsalarani *et al.*, *J. Electrochem. Soc.*, **152**, A 1974 (2005)
12) C. J. Lan *et al.*, *Electrochim. Acta*, **52**, 5407 (2007)
13) Y. F. Yuan *et al.*, *J. Electrochem. Soc.*, **153**, A 1719 (2006)
14) M. Ma *et al.*, *J. Power Sources*, **179**, 395 (2008)
15) J. F. Fauvarquet *et al.*, *Electrochim. Acta*, **40**, 2449 (1995)
16) S. Guinot *et al.*, *Electrochim. Acta*, **43**, 1163 (1998)
17) A. A. Mohamad *et al.*, *Solid State Ionics*, **156**, 171 (2003)
18) C. Iwakura *et al.*, *Electrochemistry*, **69**, 659 (2001)
19) C. Iwakura *et al.*, *Electrochem. Solid-State Lett.*, **8**, A 45 (2005)
20) H. Inoue, *3 rd Asian Conference on Electrochemical Power Sources, Seoul*, pp. 24-26 (2008)
21) H. Inoue *et al.*, *Electrochem. Solid-State Lett.*, **12**, A 58 (2009)

次世代型二次電池材料の開発　《普及版》	(B1164)

2009年12月14日　初　版　第1刷発行
2016年 5 月12日　普及版　第1刷発行

監　修	金村聖志	Printed in Japan
発行者	辻　賢司	
発行所	株式会社シーエムシー出版	

　　　　　東京都千代田区神田錦町 1-17-1
　　　　　電話 03 (3293) 7066
　　　　　大阪市中央区内平野町 1-3-12
　　　　　電話 06 (4794) 8234
　　　　　http://www.cmcbooks.co.jp/

〔印刷　株式会社遊文舎〕　　　　　　　Ⓒ K. Kanamura, 2016

落丁・乱丁本はお取替えいたします。

本書の内容の一部あるいは全部を無断で複写（コピー）することは，法律で認められた場合を除き，著作者および出版社の権利の侵害になります。

ISBN978-4-7813-1106-7　C3054　¥3200E